家风十五讲

王杰 著

中共中央党校出版社

图书在版编目（CIP）数据

家风十五讲/王杰著. -- 北京：中共中央党校出版社，2024.5
ISBN 978-7-5035-7422-1

Ⅰ.①家… Ⅱ.①王… Ⅲ.①家庭道德—中国 Ⅳ.①B823.1

中国版本图书馆CIP数据核字（2022）第195013号

家风十五讲

策划统筹	刘　君
责任编辑	卢馨尧
装帧设计	一亩动漫
责任印制	陈梦楠
责任校对	马　晶
出版发行	中共中央党校出版社
地　　址	北京市海淀区长春桥路6号
电　　话	（010）68922815（总编室）　（010）68922233（发行部）
传　　真	（010）68922814
经　　销	全国新华书店
印　　刷	中煤（北京）印务有限公司
开　　本	710毫米×1000毫米　1/16
字　　数	174千字
印　　张	13
版　　次	2024年5月第1版　2024年5月第1次印刷
定　　价	55.00元

微信ID：中共中央党校出版社　　　邮　箱：zydxcbs2018@163.com

版权所有·侵权必究
如有印装质量问题，请与本社发行部联系调换

目录

绪　论			001
第一讲	家风谦谨传久远	小心驶得万年船	010
第二讲	崇学尚德家风良	做人做事德才备	043
第三讲	勤俭持家且戒奢	良好家风代代盛	053
第四讲	孝悌和睦子孙孝	家庭幸福绵延长	067
第五讲	礼乐伦理须谨守	家庭秩序稳且长	102
第六讲	坚守初心和底线	父母心安即孝道	118
第七讲	诚实守信养品性	子勇女惠树榜样	129
第八讲	忠义爱国好儿女	家国情怀中华魂	138
第九讲	诗意词语论家教	流传后人传佳话	145
第十讲	历代家训藏基因	家庭文明永赓续	152
第十一讲	红色家风传家宝	廉洁奉公担使命	162

第十二讲	牢记领袖殷殷嘱　家庭家教好家风	171
第十三讲	家书字句值千金　传递家教好声音	178
第十四讲	善于反躬和自省　树立良好品德行	182
第十五讲	优良家风为纽带　精神财富是宝藏	190
后　　记		198

绪 论

中华民族历来注重家庭、家教、家风,《大学》中说:"古之欲明明德于天下者,先治其国;欲治其国者,先齐其家;欲齐其家者,先修其身;欲修其身者,先正其心;欲正其心者,先诚其意;欲诚其意者,先致其知,致知在格物。物格而后知至,知至而后意诚,意诚而后心正,心正而后身修,身修而后家齐,家齐而后国治,国治而后天下平。"

家风文化在中华传统文化中占有十分重要的地位,《周易》中说:"有天地,然后有万物;有万物,然后有男女;有男女,然后有夫妇;有夫妇,然后有父子;有父子,然后有君臣;有君臣,然后有上下;有上下,然后礼仪有所错。"

家风又叫门风,是调整维系家庭成员之间情感关系和利益关系的道德行为规范,是一个家族世代传袭下来的精神积淀和人生修为,体现的是父母言传身教、身体力行的榜样示范,体现的是长辈对晚辈耳濡目染、潜移默化的教育,体现的是子孙后代立身处世、言谈举止的准则。家风是中华传统文化的重要组成部分,经过5000多年的文明积淀,尊老爱幼、贤妻良母、母慈子孝、妻贤夫安、相夫教子、兄友弟恭等优秀传统家风,已深植于中国人的心灵,已融入中国人的血脉,成为家庭和睦、社会和谐的基石,成为中华民族重要的文化基因和独特的精神标识。

习近平总书记对家庭建设高度重视,多次强调要注重家庭、家教、家风。

2015年2月17日,在2015年春节团拜会上的讲话中,习近平总书记指出:"家庭是社会的基本细胞,是人生的第一所学校。不论时代发生多大变化,不论生活格局发生多大变化,我们都要重视家庭建设,注重家庭、注重家教、注重家风,紧密结合培育和弘扬社会主义核心价值观,发扬光大中华民族传统家庭美德,促进家庭和睦,促进亲人相亲相爱,促进下一代健康成长,促进老年人老有所养,使千千万万个家庭成为国家发展、民族进步、社会和谐的重要基点。"[1]

2016年12月9日,在十八届中央政治局第三十七次集体学习时的讲话中,习近平总书记强调领导干部要带头注重家庭、家教、家风,明确要求:"领导干部要努力成为全社会的道德楷模,带头践行社会主义核心价值观,讲党性、重品行、作表率,带头注重家庭、家教、家风,保持共产党人的高尚品格和廉洁操守,以实际行动带动全社会崇德向善、尊法守法。"[2]

2016年12月12日,习近平总书记在会见第一届全国文明家庭代表时的讲话中又一次强调了家庭在社会、国家、民族中的基础性地位,他指出:"家庭是社会的细胞。家庭和睦则社会安定,家庭幸福则社会祥和,家庭文明则社会文明。历史和现实告诉我们,家庭的前途命运同国家和民族的前途命运紧密相连。我们要认识到,千家万户都好,国家才能好,民族才能好。国家富强,民族复兴,人民幸福,不是抽象的,最终要体现在千千万万个家庭都幸福美满上,

---

[1] 中共中央党史和文献研究院编:《习近平关于注重家庭家教家风建设论述摘编》,中央文献出版社2021年版,第3页。

[2] 中共中央党史和文献研究院编:《习近平关于注重家庭家教家风建设论述摘编》,中央文献出版社2021年版,第65—66页。

体现在亿万人民生活不断改善上。"①

一、家风文化是中华优秀传统文化的重要组成部分

（一）"天下之本在国，国之本在家"的文化蕴涵

"天下之本在国，国之本在家"出自《孟子》，习近平总书记引用这句话来说明中华民族对家风的重视。2018年，《百家讲坛》特别节目《平"语"近人——习近平总书记用典》的第四集，就是以《国之本在家》作为节目的标题。孟子曰："人有恒言，皆曰天下、国、家。天下之本在国，国之本在家，家之本在身。"意思是说人们常常都说天下、国、家的根本在于每一个家庭，而每一个家庭的根本在于我们每个人自身。

这与《大学》中"修齐治平"的主张是一致的，包含着一整套具有实践指引意义的美好社会建设纲领。天下、国、家一直到身，最核心的环节其实是家庭，而不是个人，因为个人是家庭教育涵养的结果。因此，传统家风文化主张家国同构，把"齐家"作为"修身"和"治国平天下"之间的重要一环。如"将教天下，必定其家，必正其身""所谓治国必先齐其家者，其家不可教而能教人者，无之"等观点，都与这种思想一脉相承。我们常说，家是最小国，国是千万家。有家才有国，有国才有家，"家"与"国"从来就没有分离过，这就是我们中国人千百年来永远割舍不断的家国逻辑。

（二）"在家尽孝、为国尽忠"的家国情怀

基于家国逻辑建构起的中华传统家风文化，自然崇尚精忠报国

---

① 中共中央党史和文献研究院编：《习近平关于注重家庭家教家风建设论述摘编》，中央文献出版社2021年版，第4页。

的家国情怀，就家而言，倡导以德治家、长幼有序、和谐兴家，于国而言，倡导遵纪守法、立己达人、精忠报国。涌现了"不为爱亲危其社稷，故曰社稷戚于亲""岳母刺字""积善之家，必有余庆；积不善之家，必有余殃""尊老爱幼、妻贤夫安、母慈子孝、兄友弟恭""耕读传家、勤俭持家，知书达理、遵纪守法""家和万事兴"等诸多格言与典故。这使每一个中国人都有着深深的家国情怀。

小家连着大家，也连着国家；家庭的事，不仅仅是个人的私事，同时也是社会的、国家的事。家和万事兴，每一个家庭幸福平安、和谐美满了，我们这个社会才能够祥和、安详、幸福、平安。千家万户都好，国家才能好，社会才能好；同样，国家好、社会好，我们的小家才能和谐幸福美满。

（三）"爱子，教之以义方"的家风传承

习近平总书记指出："古人说的'爱子，教之以义方'，'爱之不以道，适所以害之也'。青少年是家庭的未来和希望，更是国家的未来和希望。古人都知道，养不教，父之过。家庭应该承担起教育后代的责任。家长特别是父母对子女的影响很大，往往可以影响一个人的一生。"[①]

"爱子，教之以义方"出自《左传》，意思是说如果一个人真爱自己的孩子就应当用道义来教导他。"爱之不以道，适所以害之也"出自《资治通鉴》，意思是说如果你不用道义来引导孩子，不用道义来爱孩子，那就不是爱孩子，反而是害了他。中华传统家风文化重视严管厚爱、言传身教，如"进德修业"的家教理念，"正以教家"的家教方法，"知行合一"的家教主张，"重教崇化"的社会诉求等；如"爱之不以道，适所以害之也""养不教，父之过""孟母三迁""画

---

① 中共中央党史和文献研究院编：《习近平关于注重家庭家教家风建设论述摘编》，中央文献出版社 2021 年版，第 18 页。

获教子""心术不可得罪于天地,言行要留好样与儿孙"等;再如《诫子格言》《颜氏家训》《朱子家训》等,都体现了传统家教最为鲜明的特点。

家规、家训等是家风文化的重要内容与体现,虽然具体到每个家庭,其表现形式有所不同,但追本溯源,都是以儒家的仁义礼智信、温良恭俭让、礼义廉耻、孝悌忠信等作为思想核心,以修身做人作为立身之本,将诚实守信、勤俭持家、勤奋好学作为基本美德,经过代代传承,形成各个家庭的家规、家训、家风。宋代程颐说:"人生至乐,无如读书;至要,无如教子。"明代方孝孺也说:"爱子而不教,犹为不爱也;教而不以善,犹为不教也。"说的是疼爱自己的孩子,而不加以教育,这等于没有疼爱他;如果教育孩子又不引导他上进,这等于没教育他。这些经由历史积淀形成的传统家庭美德,已经深深地铭记在中国人的心中,融入了中国人的血脉,是支撑中华民族生生不息、薪火相传的重要精神力量,是家庭文明建设的宝贵精神财富。

家庭和睦,社会才能和谐;家教良好,未来才有希望;家风纯正,风气才会纯净。习近平总书记指出:"无论时代如何变化,无论经济社会如何发展,对一个社会来说,家庭的生活依托都不可替代,家庭的社会功能都不可替代,家庭的文明作用都不可替代。无论过去、现在还是将来,绝大多数人都生活在家庭之中。我们要重视家庭文明建设,努力使千千万万个家庭成为国家发展、民族进步、社会和谐的重要基点,成为人们梦想启航的地方。"[①]

二、家风建设是新时代全面从严治党的重要内容

党员干部的家风建设无疑是新时代全面从严治党的重要内容,

---

① 中共中央党史和文献研究院编:《习近平关于注重家庭家教家风建设论述摘编》,中央文献出版社2021年版,第3页。

习近平总书记多次强调要把家风建设作为领导干部作风建设的重要内容。

（一）党员干部的家风直接关系党风政风，深刻影响社风民风

习近平总书记强调："家风好，就能家道兴盛、和顺美满；家风差，难免殃及子孙、贻害社会，正所谓'积善之家，必有余庆；积不善之家，必有余殃'。"[①] 家风是社会风气的重要组成部分，要把家风建设作为党员干部作风建设的重要内容，发挥优秀党员、干部、道德模范的作用，以优良党风带动社风民风；营造崇德向善、见贤思齐的社会氛围，推动社会风气明显好转。

习近平总书记从 2013 年 12 月 31 日以国家主席的身份发表新年贺词起，他办公室书架上的照片已经更新了很多，但是，那几张和家庭、亲情相关的照片，从来就没有动过。一张是他牵着母亲的手在公园散步的照片，一张是他们一家三口和父亲习仲勋在一起的照片，一张是他和妻子在福建东山岛的照片，还有一张是他在福州骑着自行车带着他的小女儿的照片。通过这几张照片，可以感受到习近平总书记浓浓的家庭情怀，体现了习近平总书记对家庭的重视。

（二）党的十八大以来，以习近平同志为核心的党中央把党员干部家风建设作为作风建设的重要内容谋划、部署、推进，家风建设取得了明显成效

习近平总书记要求："每一位领导干部都要把家风建设摆在重要位置，廉洁修身、廉洁齐家，在管好自己的同时，严格要求配偶、

---

① 中共中央党史和文献研究院编：《习近平关于注重家庭家教家风建设论述摘编》，中央文献出版社 2021 年版，第 24 页。

子女和身边工作人员。"① 防止"枕边风"成为贪腐的导火索，防止子女打着自己的旗号非法牟利，防止身边人把自己"拉下水"；要带头注重家庭、家教、家风，要作家风建设的表率，把修身、齐家落到实处，保持高尚道德情操和健康生活情趣；要坚决反对特权现象，树立好的家风家规，过好亲情关，教育他们树立遵纪守法、艰苦朴素、自食其力的良好观念；要把对党忠诚纳入家庭家教家风建设，引导亲属子女坚决听党话、跟党走；要营造崇德向善、见贤思齐的社会氛围；要以实际行动带动全社会崇德向善、遵纪守法。

（三）新时代涌现出一批优秀共产党员，他们以美满的家庭为坚实后盾、以优良的家风为牢固支撑，为社会、国家、民族作出了巨大贡献

"共和国勋章"获得者屠呦呦，女，汉族，中共党员，1930年12月生，浙江宁波人，中国中医科学院中药研究所青蒿素研究中心主任。其父母两族家训讲究立德树人、立身处世、治家持业。国家荣誉称号获得者麦贤得，男，汉族，中共党员，1945年12月生，广东饶平人，原某部队副部队长。他教育家人信仰不许丢、正气不许丢。来自最基层的改革先锋王书茂，男，汉族，中共党员，1956年12月生，海南琼海人，他作为我国海洋维权的模范，和父亲王诗伦、儿子王振锦一同加入东门礁施工队伍，三代同堂建南沙的事迹一时传为佳话。

三、家风建设是领导干部作风建设的重要内容

2016年1月12日，习近平总书记在中国共产党第十八届中央纪律检查委员会第六次全体会议上发表重要讲话中指出："从近年来

---

① 中共中央党史和文献研究院编：《习近平关于注重家庭家教家风建设论述摘编》，中央文献出版社2021年版，第34页。

查处的腐败案件看，家风败坏往往是领导干部走向严重违纪违法的重要原因"[1]，进而指出老一辈革命家在培育良好家风方面为我们作出了榜样。

党的十八大以来，绝大部分领导干部能够严格修身、治家，但在一些党员干部特别是领导干部身上，仍然存在家风问题，家风不正甚至成为一些领导干部走上严重违纪违法道路的重要诱因。

习近平总书记指出："不少领导干部不仅在前台大搞权钱交易，还纵容家属在幕后收钱敛财，子女等也利用父母影响经商谋利、大发不义之财。有的将自己从政多年积累的'人脉'和'面子'，用在为子女非法牟利上，其危害不可低估。古人说：'将教天下，必定其家，必正其身。''莫用三爷，废职亡家。''心术不可得罪于天地，言行要留好样与儿孙。'"[2]

一些领导干部思想不正、行为不端，带坏家风。有的领导干部沉迷低级趣味，不注重修身立德，成了配偶、子女的"坏榜样"；有的向配偶、子女灌输"潜规则"和错误思想，带着他们共同违纪违法。

一些领导干部滥用权力补偿家人，祸乱家风。部分领导干部打着亲情的借口，实则仍旧是私欲作祟，有的认为受到过父母、兄弟的照顾，就把手中的权力变成回馈亲情的工具。有的与父母、配偶、子女长期两地分居或聚少离多，心里存有亏欠之情，为寻求心理安慰滥用职权；有的违纪、出轨在先，给配偶、家人造成极大伤害，内心有愧，于是公器私用，损公肥私。

一些领导干部家风败坏，家教不严。部分领导干部对子女失管失教，宠溺他们为所欲为，乐于为其"铺平道路"，以致有的背靠

---

[1] 中共中央党史和文献研究院编：《习近平关于注重家庭家教家风建设论述摘编》，中央文献出版社2021年版，第55页。

[2] 中共中央党史和文献研究院编：《习近平关于注重家庭家教家风建设论述摘编》，中央文献出版社2021年版，第55页。

父辈权力大树，在政商之间办事收钱、借权谋利；有的价值观扭曲，打着老子的名号居高临下、蔑视法纪；有的不思进取，安于"啃老"、奢靡享乐……最终，领导干部自身也为子女所累，一步步深陷权钱交易难以自拔，甚至老子儿子双双锒铛入狱。

一些领导干部纵容听任"枕边歪风"，家破人散。部分领导干部经不起"枕边歪风"，对家属思想上、言行上的一些不良端倪、行差走错，听之任之、失去立场，有的结成腐败"夫妻店"，有的放任家属插手干预单位事务，有的夫妻合谋对抗审查调查。最终，夫妻双双难逃纪律和法律的制裁。

今天出问题的领导干部，大多都是家教不严、家风不正导致的。反观这些腐败分子的堕落轨迹，大都是"微风起于青萍之末"。他们一旦当官，家人和亲朋好友也跟着沾光，"有官同享"，甚至"一人得道、鸡犬升天"。有的对家人的不合理要求百依百顺，不惜铤而走险、贪赃枉法；有的搞子女"火箭式"升迁、帮亲属承揽工程捞大钱；有的漠视亲属违法乱纪，甚至利用权力干预司法公正。这些官员的种种劣迹严重败坏了党风政风社风民风，造成了极其恶劣的社会影响。他们为了"小家"不顾"大家"、不顾国家，为了"亲情""私情"不惜"徇情"，在亲情面前丧失了原则和底线，走上了违纪违法之路，最终锒铛入狱，沦为阶下囚。家族式腐败是领导干部三观扭曲变形的结果，他们往往把公权力变成"私人订制"，这些人忘记了，权力是一把双刃剑，用好了，它是人生的拐杖，用不好，它就是自刎的利刃。权力背后不仅仅只有风光，它也伴随着风险。决不能把"有权不用，过期作废""千里做官，只为吃穿""做官不发财，请我都不来"作为人生的座右铭。滥权任性与贪欲结合，搞权钱、权权、权色交易，结果一定是竹篮打水一场空，机关算尽，反害了自家性命，最终走上一条不归路。

第一讲
家风谦谨传久远　小心驶得万年船

一、从古代官德中汲取智慧

官德乃为官为政之德，为人要讲人品，为官须讲官德。官员要把道德修养作为人生的必修课，要把修德、养德、立德放在首要位置，用道德的力量去感染人、鼓舞人。

官德纯则民风正，官德毁则民风降。官德就像是一扇窗口、一面镜子、一座风向标，不仅能折射出社会风尚的好坏，还能对党风、政风、社风、民风和家风起到引领作用。官德关乎老百姓的福祉，关乎法律的公平正义，关乎国家的兴衰存亡。

中共中央组织部曾发布《关于加强对干部德的考核意见》，表明官德已成为对领导干部考核的重要标准。《半月谈》曾刊登文章《透视官德缺失之痛》，对当下少数官员缺德、失德、官德失范现象进行了剖析和批判。从近年来查处的官员腐败案件看，一些干部"没了人形"，根本问题都是出在"德"字上，缺德了。

从一些官员走上违法犯罪道路的心路历程看，确实大多是从道德品行上出问题开始的。人一旦精神、信念、价值观偏离了正轨，其行为难免走形，其人生难免走歪。

要从根本上解决问题，加强制度建设是关键，从制度层面上堵塞漏洞，铲除腐败滋生蔓延的土壤，遏制腐败产生的源头，让权力在阳光下运行，把权力关进制度的笼子里。同时也要重视党员干部的修身立德，从古代官德中汲取为官为政的大智慧。

中华优秀传统文化中蕴含着非常丰富的思想资源和为政智慧，对当下官德建设有借鉴意义。比如"自强不息，刚健有为"的进取精神，"先天下之忧而忧，后天下之乐而乐"的政治抱负，"苟利国家生死以，岂因祸福避趋之"的报国情怀，"人生自古谁无死，留取丹心照汗青"的献身精神，"海纳百川，有容乃大"的包容精神；比如以德治国、以人为本、仁者爱人、和而不同、经世致用、常存敬畏之心等为官为政的理念；比如正心修身养性、正己律己克己、树德养德立德、孝悌忠信、礼义廉耻、清正廉洁、成俭败奢、敬老助老孝亲、养民富民教民、慎独慎微慎权、慎好慎友慎平、戒贪戒奢戒色等对个人修养的要求。

上述对为官者道德素养的要求，构成了古代官德修养的核心价值观，成为中华优秀传统文化中最突出、最闪光的思想内容。这些优秀的思想遗产和价值观并未因为时间久远而失去其生命活力，至今仍散发出熠熠光辉。由此，我们也就不难理解，国家公务员局在其发布的《公务员职业道德培训大纲》中，为什么把"古代官德修养"纳入国家公务员职业道德培训的内容。

习近平总书记指出："中华优秀传统文化已经成为中华民族的基因，植根在中国人内心，潜移默化影响着中国人的思想方式和行为方式。"[1]"培育和弘扬社会主义核心价值观必须立足中华优秀传统文化。牢固的核心价值观，都有其固有的根本。抛弃传统、丢掉根本，就等于割断了自己的精神命脉。"[2]这些优秀的思想遗产和核心价值

---

[1] 习近平：《青年要自觉践行社会主义核心价值观——在北京大学师生座谈会上的讲话》，人民出版社 2014 年版，第 7 页。

[2] 《把培育和弘扬社会主义核心价值观作为凝魂聚气强基固体的基础工程》，《人民日报》2014 年 2 月 26 日。

观经过现代转换和创新，已然融入我们今天的思想观念和指导思想中，成为党治国理政的重要历史资源和思想资源。

以史为鉴，可以知兴替。知古鉴今，古为今用，推陈出新。中国特色社会主义进入新时代，我们应倍加感受和珍惜中华优秀传统文化的无穷魅力，倍加用心去领悟和借鉴那些为官为政的人生哲理和政治智慧。相信在大力加强现代官德建设的今天，古代官德一定可以为现代官德提供有益的启迪和帮助。

二、谦虚谨慎是家庭传承永续的法宝，是涵养家风的蓄水池，是人性美德的根基

2015年12月，习近平总书记在中央政治局"三严三实"专题民主生活会上谈到教育管理亲属子女时说，"在这方面，我是很注意的，也算是谨小慎微，遇事三思而后行，做事情总要想想有没有触犯哪条规矩。我常常想，受全党同志信任，我担任了党的总书记，必须严格要求自己，带头按党章办事，带头遵守党的纪律和规矩，带头管好亲属子女和身边工作人员"[①]。

习近平总书记曾多次通过引用典故强调领导干部要慎独慎微，"暗室不欺""坐密室如通衢，驭寸心如六马，可以免过""将教天下，必定其家，必正其身""莫用三爷，废职亡家""心术不可得罪于天地，言行要留好样与儿孙"。

要养成谦虚谨慎的品德和作风，必须严教习积、日积月累、锤炼人生，"从小做起，就是要从自己做起、从身边做起、从小事做起，一点一滴积累，养成好思想、好品德。'少壮不努力，老大徒伤悲。'千里之行，始于足下。每个人的生活都是由一件件小事组成的，养小德才能成大德。……不要嫌父母说得多，不要嫌老师管得严，不

---

① 中共中央党史和文献研究院编：《习近平关于注重家庭家教家风建设论述摘编》，中央文献出版社2021年版，第53—54页。

要嫌同学们管得宽，首先要想想说得管得对不对、是不是为自己好，对了就要听。……良药苦口利于病，忠言逆耳利于行。我们要养成严格要求自己、虚心接受批评帮助的习惯"①。

中华民族是非常注重谦虚谨慎的家风传承的，早在3000多年前，周公在《诫伯禽书》中就如何养成谦虚谨慎的美德提出了很好的看法和建议。

> 君子不施其亲，不使大臣怨乎不以。故旧无大故则不弃也，无求备于一人。君子力如牛，不与牛争力；走如马，不与马争走；智如士，不与士争智。德行广大而守以恭者，荣；土地博裕而守以俭者，安；禄位尊盛而守以卑者，贵；人众兵强而守以畏者，胜；聪明睿智而守以愚者，益；博文多记而守以浅者，广。去矣，其毋以鲁国骄士矣！

周公谆谆教诲儿子伯禽，在鲁国务必要养成勤政爱民、谦恭自律、礼遇贤才的作风。伯禽没有辜负周公的期望，没过几年就把鲁国治理成民风淳朴、务本重农、崇教敬学的礼仪之邦。周公对侄子周成王的教育，既包括治国安邦才能的培养，也包括个人品格的塑造。据《尚书·无逸》记载，周公教导周成王勤俭执政："君子所其无逸，先知稼穑之艰难。"这句后来成为诸多帝王教育后代不要贪图安逸奢华生活的名训。周公一再告诫周成王要修己敬德，防止骄奢淫逸、重蹈殷商失德亡国的覆辙。在他的教育下，周成王终于成长为一代明君。

谦虚谨慎的品德作风要从小善养起，扣好人生第一颗纽扣。春秋第一相管仲在《弟子职》中把温恭自虚作为首要的家庭训诫："先生施教，弟子是则。温恭自虚，所受是极。见善从之，闻义则服。

---

① 习近平：《从小积极培育和践行社会主义核心价值观》，《人民日报》2014年5月31日。

温柔孝悌，毋骄恃力。志毋虚邪，行必正直。游居有常，必就有德。颜色整齐，中心必式。夙兴夜寐，衣带必饬；朝益暮习，小心翼翼。一此不解，是谓学则。"意思是说先生施教，弟子遵照学习。谦恭虚心，所学自能彻底。见善就跟着去做，见义就身体力行。性情温柔孝悌，不要骄横而自恃勇力。心志不可虚邪，行为必须正直。出外居家都要遵守常规，一定要接近有德之士。容色保持端正，内心必合于规范。早起迟眠。衣带必须整齐；朝学暮习，总是要小心翼翼。专心遵守这些而不懈怠，这就是学习规则。

认真做事，低调做人，不贪图虚名，不攀比虚荣，才能把人生的路走得更远，才能把家庭的好名声传播得更好，是家庭人生的大智慧。《吕氏春秋》中的《孙叔敖戒子》写道："'孙叔敖疾，将死，戒其子曰：王数封我矣，吾不受也。为我死，王则封汝，必无受利地。楚、越之间有寝之丘者；此其地不利，而名甚恶。荆人畏鬼，而越人信禨。可长有者，其唯此也。'孙叔敖死，王果以美地封其子，而子辞，请寝之丘，故至今不失。孙叔敖之知，知不以利为利矣。知以人之所恶为己之所喜，此有道者之所以异乎俗也。"孙叔敖临死之前告诫儿子不要贪慕荣利，是至真至诚之言。"人之所恶为己之所喜"，也是一种生活的智慧。

谨慎做人做事，既是让自己保持正直清廉的防护服，更是对他人人格给予尊重的护城河。北宋文学家、宰相贾昌朝在家训《戒子孙》里劝诫子孙，为人要正直，为官要廉洁，办案要谨慎，他指出，"与人谦和，临下慈爱；追呼决讯，不可不慎"。意思是说在处理问题、办理案件时，我们绝不能有"宁可错杀一千不能漏掉一个"的疯狂举动，必须尊重事实、尊重别人、尊重生命，查不明的不办，堪不明的不纠，宽厚待人，严格律己。错杀了人是弥补不回来的，杀头不像割韭菜；冤枉了人会给别人、给社会造成巨大伤害。所以，做到谨慎小心，慎重处世待人，保护好自己，成全好别人。

养成谦虚谨慎的品德作风，既是家风建设的题中应有之义，也是我们加强党的建设和领导干部作风建设的必然要求。我们什么时候都必须保持清醒的头脑，从小事做起，从小善积起，看得更辽阔，走得更久远。对待自己，我们要像习近平总书记那样高度自律、谨小慎微，我将无我、不负人民。对待亲、旧，我们要像毛泽东那样，念亲而不为亲徇私，念旧而不为旧谋利，济亲而不以公济亲。对待亲属，要像周恩来那样"大贤秉高鉴，公烛无私光"，叮嘱晚辈不炫耀，不以亲属名义谋私利。搞好家风建设，对于我们迈向第二个百年奋斗目标、建设社会主义现代化强国和树立社会主义核心价值观有重大现实作用。

三、为官德为先　慎字须当头

做官先做人，做人先立德；德乃官之本，为官先修德。在历朝历代的官箴书和儒家思想中，都对为官者的道德修养、个人操守、修身做人提出了严格而具体的要求，始终把"道德价值"放在首位，这一点从来没有改变过也没有动摇过。而为官德为先，慎字须当头。

早在几千年前，我们的古圣先贤就赋予了"慎"字丰富的解释和内涵，要求君子在生活中于细微处见精神见品德，将"慎"字作为自己修身齐家治国平天下的基础和准则，尤其对为官者来说，想要在宦海浮沉中坚守初心，一帆风顺，更要将"慎"字上升到精神的层面，内化为自己的为官品格，具体来说必须做到"十慎"，即慎初、慎独、慎微、慎欲、慎好、慎权、慎言行、慎平、慎友、慎亲。

（一）慎初——防微杜渐，临深履薄

"慎初"顾名思义，就是戒慎于事情发生之初。善始不易，善终更难。《诗经·大雅·荡》说："靡不有初，鲜克有终。"意思是说，人们做事往往都有个好的开头，但很少能做到善始善终的。"君子慎始而无后忧"。

老子有云："慎终如始，则无败事。"做任何事情，在结束时就如同开始时一样谨慎，就不会有失败的事情了。一日得失看黄昏，

一生成败看晚节。

《易》曰："君子慎始，差若毫厘，谬以千里。"倘若不能慎重对待第一次，就会一失足成千古恨，扣错第一颗纽扣将一错到底，一事不谨，即贻四海之忧；一念不慎，即贻百年之患。然而有些官员并非不知慎的重要性，也并非不知不慎的危害与下场，剖析大部分贪腐官员的贪腐历程后发现，大部分贪腐官员第一次受贿时都进行过激烈的思想斗争，甚至严词拒绝过，但最终还是敌不过糖衣炮弹、红酒美女的诱惑，乖乖成了别人操纵的木偶，就是因为他们思想斗争的过程中不自觉地放低了对自己的要求，心存"最后一次，下不为例"的侥幸心理，最终陷入了"一次守不住，次次做让步"的怪圈，一步步越过雷池，胆大妄为，最终毁了自己。种种事例一再警醒为官者，守身如玉、洁身自好当慎初。对领导干部来说，在不义之财面前慎重对待"第一次"，果断拒绝"第一次"，是至关重要的，如果能谨慎地对待第一次，或许有许多人的人生会是另外一种风景，但遗憾的是，一些领导干部犯错误，几乎都是由于不慎初，经过量的积累，最终走向犯罪的深渊。人生没有回头路、后悔药，人生是一条没有返程的单程线，人生没有如果，一旦踏错第一步，那么等待他们的只有严重的结果和后果。

案例一

《松窗梦语》的作者，明朝官员张瀚担任御史后，去拜见都台长官王廷相，王廷相说："我昨天乘轿进城遇雨。一个穿了双新鞋的轿夫，一开始很小心地寻着干净的地方落脚，生怕脏了鞋，可后来一不小心踩在泥水里，从此便不复顾惜。"他告诫下级："居身之道，亦犹是耳，倘一失足，将无所不至也。"王廷相感叹，做官、做人、做事的道理，和轿夫穿新鞋踩泥坑是一样的。人一旦犯下第一次错误，以后犯错也就不当回事了。守不住小节，迈出了第一步，就会不复顾惜，终成大错。

现实政治生活中，那些贪污腐败分子当初的心态和那个轿夫相同，可迈出违纪违规第一步后就再也收不住手、刹不住车了。所以做人、做事、做官都要切记慎初，千万不要迈出踩进"泥坑"的第一脚。

案例二

唐德宗时期有一个宰相叫陆贽，他严于律己，任何礼物一概拒绝，德宗皇帝劝他说，爱卿太过清廉了，别人送什么都不收也不好，像马鞭靴子之类的，收下也没什么关系。陆贽回答说，一旦开了受贿这个口子，必定胃口越来越大。收了鞭子靴子，就会开始收华服裘衣；收了华服裘衣，就会开始收钱；收了钱，就会开始收车马座驾；收了车马座驾，就会开始收金玉珠宝。正所谓"不矜细行，终累大德。为山九仞，功亏一篑"。

案例三

兰考历史上出了一个有名的清官张伯行，被康熙誉为"天下清官第一"。习近平总书记在参加河南省兰考县委常委扩大会议和中央党校县委书记研修班学员座谈会两次讲话中，都引用了张伯行的事例。习近平总书记强调，"从善如登，从恶如崩"，思想的口子一旦打开，那就可能一泻千里。张伯行历任福建巡抚、江苏巡抚、礼部尚书，为谢绝各方馈赠，专门写了一篇《却赠檄文》，其中说道："一丝一粒，我之名节；一厘一毫，民之脂膏。宽一分，民受赐不止一分；取一文，我为人不值一文。谁云交际之常，廉耻实伤；倘非不义之财，此物何来？"这些廉政箴言，至今都没有过时，我们可以把它作为一面镜子，努力学习。

对每一个党员干部而言就是要把住第一次，守住第一关，迈好第一步，须臾不可忘记慎重对待"第一次"。有了第一次，第一道"防线"被冲破了，往往就会"兵败如山倒"。

在形形色色的诱惑面前，我们的每一个党员干部都要在思想上筑起拒腐防变的防线，首先要坚守第一道"防线"，严把第一道"闸口"，并善始善终、始终如一，将原则坚持到底，唯有如此，才能"浪击身不斜，沙打眼不迷"。

（二）慎独——知行合一，恪守底线

《论语·子路》中有云："其身正，不令而行，其身不正，虽令不从。"为官者要得民心，树民望，心中一定要有原则，有底线，真正做到知行合一，管好自己、把持住自己。想要达到这种理想境界，就要学会"慎独"。"慎独"一词最早出于《中庸》，"莫见乎隐，莫显乎微，故君子慎其独也。"意思是说不要因为是在别人看不到、听不到的地方而放松自我要求，也不要因为是细小的事情而不拘小节，道德原则始终要在心中坚守，要时刻用它来检点自己的言行举止。即使一个人独处、无人注意的时候，也要谨言慎行，不去做超越道德、良知、法律底线的事情。

正因为独处时更难克服私欲，所以儒家把"慎独"看作是很高的道德境界，作为衡量一个人道德觉悟和思想品质的试金石。反观当今很多官员头脑一时发热，最终走向违法犯罪的道路，究其原因，大多是因为不能够做到慎独造成的。正是因为心存侥幸、步步投机，才最终使自己锒铛入狱，可谓一失足成千古恨。

案例四

东汉名臣杨震少年时即好学，通晓经术，博览群书，几十年都不应州郡的礼聘。杨震直到50岁时才在州郡任职。大将军邓骘听说杨震是位贤人，于是举其为茂才，四次升迁后为荆州刺史、东莱太守。当他前往郡里路过昌邑时，从前他推举的荆州茂才王密正任昌邑县令，去看望杨震，晚上又送金十斤给杨震。杨震拒收，王密说："现在是深夜，没有人会知道。"杨震说："天知、神知、我知、你知，怎么说没有人知道。"王密惭愧地离开。

案例五

清朝的叶存仁,做了30余年的官。在他离任河南巡抚时,部属执意送行话别,但送行的船迟迟不发,叶存仁好生纳闷儿,等至明月高挂,来了一叶小舟,原来是部属临别赠礼,故意等至夜里避人耳目。叶存仁当即写诗一首:"月白风清夜半时,扁舟相送故迟迟。感君情重还君赠,不畏人知畏己知。"并拒礼而去,真正做到了仰不愧天,俯不愧人,内不愧心。在没有任何外在监督的情况下,叶存仁仍然能够坚守道德、法律底线,同各种各样的邪念、贪欲做斗争,堪称为官者的典范。

为官者要慎独。习近平总书记曾引用《官箴》中的一句话:"当官之法惟有三事,曰清、曰慎、曰勤。"他在上海工作时曾要求领导干部要过"五关",切实做到慎独、慎欲、慎微,真正做到"心不动于微利之诱,目不眩于五色之惑",始终保持高尚的气节和情操。他指出:"干部不论大小,都要努力做到慎独慎初慎微,'不以恶小而为之'。"[①]领导干部要追求"慎独"的高境界,做到台上台下一个样,人前人后一个样,尤其是在私底下、无人时、细微处,更要如履薄冰、如临深渊,始终不放纵、不越轨、不逾矩。要时刻反躬自省,就像古人讲的"吾日三省吾身",自重、自省、自警、自励,洁身自好,存正祛邪,注重修身养德,增强防腐拒变的"免疫力"。同时,还要办事公开透明,减少各种诱惑的"渗透力"。

(三)慎微——于细微处见精神,于细微处见品格

慎微,即注重细微事端之意,在一些日常的细枝末节处细微处要谨慎。《明太祖实录》有言:"不虑于微,始贻大患;不防于小,

---

① 习近平:《做焦裕禄式的县委书记》,中央文献出版社2015年版,第49页。

终累大德。"意思是说不顾惜小节方面的修养，到头来就会伤害大节，酿成终生的遗憾。祸患、危亡常常是从忽微、细微小事上开始的，"祸患常积于忽微"，很多酿成人生大错的事情，往往都是从芝麻小事累积起来的。一些领导干部认为"成大事者不拘小节"，吃点喝点拿点算得了什么，思想上放松警惕，行为上放任自己，以至于什么场合都敢去，什么事情都敢做，久而久之，小毛病变成大毛病，小节变成大节，结果从量变到质变，从次要矛盾变为主要矛盾，最终酿成人生大祸。反之，如果善于从小事小节上加强自身修养，从一点一滴中自觉完善自己，那么也必然会受益无穷，很快在群众中树立起自己的威信和形象。

案例六

唐代诗人白居易对待小节的态度，很值得我们今天的领导干部借鉴。白居易在杭州任刺史时，从不向民间索取任何物品。想不到离任返乡时，检点行囊发现箱内有几片天竺山石片，那是他游天竺山时捡的。此时他想，将他山之石据为己有，似有不妥，为此还专门写了一首诗检讨自己的行为，诗曰："三年为刺史，饮冰复食檗。唯向天竺山，取得两片石。此抵有千金，无乃伤清白。"这是一种非常可贵的自律自责态度，令人肃然起敬。

案例七

"四有"书记谷文昌担任福建省东山县委书记期间，东山风沙肆虐，百姓穷困，外出乞讨者比比皆是。他千方百计植树造林，"不治服风沙，就让风沙把我埋掉。"屡败屡战，最终找到一种叫木麻黄植物，并掀起全民造林运动，造福百姓。在东山当一把手，他从不让家里人、身边人搞一点特殊；大半辈子与林业管理打交道，他从不占公家一寸木材。从细微处践行自己的承诺，成为受人尊重的好干部！

其实被查处的很多干部就是从吃别人一顿饭、收别人一条烟开始走上违纪违法的不归路。这些都警示领导干部，勿以恶小而为之，必须守住小节、管好小事，不让小错酿成大祸。常言道，千里之堤，溃于蚁穴。人犯错误一定是从小错、小乱开始的，日积月累，胆子越来越大，毛病越来越多。"祸患常积于忽微"就是这个道理。

广大领导干部要管好自己的生活圈、交往圈、娱乐圈，在私底下、无人时、细微处更要如履薄冰、如临深渊，始终不放纵、不越轨、不逾矩，增强拒腐防变的免疫力。总之，为官者唯有紧绷慎字弦，常念慎字诀，牢记慎字经，不做不慎事，才能不忘初心，勇往直前，真正做到壁立千仞，无欲则刚。

（四）慎欲——无欲则刚，纵欲则亡

人都有欲望，也都有七情六欲，就像花有五颜六色一样，自然而然。人的自私贪婪、趋利避害的本性决定了人对物质利益拥有据为己有的冲动和欲望，孔子曰："富与贵，是人之所欲也"，为什么人人都希望富贵？就是因为富贵能够满足人的种种欲望，而贫贱者则很难做到。正当合理的欲望是人类进步、事业发展的动力和源泉，"饮食男女，人之大欲存焉"，"民之所欲，天必从之"，"因民所利而利之"，"虽为门守，欲不可去……虽为天子，欲不可尽"。合理的欲望应该满足，这是人的基本需求，谁都不能抹杀和否定。但是，人的欲望须有限度和节制，不能任意扩大。《韩非子·解老》云："人有欲则计会乱，计会乱而有欲甚，有欲甚则邪心盛，邪心胜则事经绝，事经绝则患难生。"意思是说，人一旦有了私欲，就会出现错乱，办事会失去原则，祸患就会不断产生。人类几千年的历史，就是一部不断用法律、道德、良知、习俗与人的贪欲作斗争的历史。

人们最憎恶的就是以权谋私的贪官污吏，因而，对各级领导干部来讲，慎欲至关重要，切不可纵欲无度、滥权任性。总有缺乏政治智慧的官员，权欲极强，官瘾极大，奉行"会哭的孩子有奶喝"

的要官哲学，脚底生风跑官要官，跑个小官又想做大官，做了副职又想做正职，做了无权的官又想做有权的官，于是厚着脸皮、削尖脑袋跑官要官、买官卖官。当他们手中的权力与贪欲一结合，人性的致命弱点便暴露无遗，贪得无厌、欲壑难填，中饱私囊，利欲熏心，无所不用其极。这些人的愚蠢之处就在于目光短浅，鼠目寸光，只看到眼前的利益，被眼前的利益冲昏了头脑，遮蔽了双眼。他们对金钱物质的贪欲超过了对生命的渴望，忘记了长远利益，只看到当下，忘记了人生还有未来还有明天。结果，为自己的贪婪付出了惨重的代价。苦果都是自己吞下的，苦酒都是自己酿成的，祸根都是自己埋下的，贪欲是人生悲剧的开始。

古往今来，有多少人因为贪婪而锒铛入狱，身陷囹圄，从人生的巅峰跌入罪恶的深渊，沦为阶下囚；又有多少人因贪婪而断送前程，葬送性命，身败名裂。人不能把金钱财富带入坟墓，金钱财富却可以把人推进罪恶的深渊，把人送进万劫不复的牢狱和地狱。

林则徐有句名言："壁立千仞，无欲则刚。"说的是为官者只有内心端正，才能确保无虞。"慎欲"乃为官者基本的道德要求。如果每一个官员都能以"无欲则刚"的信念来守正律己，常修为政之德，常思贪欲之害，常弃非分之想，常思社会之责，那么，我们身边就会不断涌现出思想纯洁、作风正派、人格健全、品德高尚的好党员、好干部。

案例八

清末杭州知府陈鲁，此人不贪钱财，不嗜烟酒，素为百姓所拥戴。可此官却有收藏古字画之癖好。那个为杨乃武小白菜案而企图行贿的余杭知县就送来一幅唐伯虎的真迹，陈鲁爱不释手，慨然"笑纳"，于是徇情枉法，酿成大错。案发后，陈鲁愧疚难当，悬梁自尽。

案例九

"一兴嗜欲念，遂为煳缴牵"，严防被"围猎"靠的是守住自身清廉的底线。清咸丰十一年（1861年），曾国藩五十大寿，对曾国藩尊敬有加的湘军部属，纷纷登门祝寿，贺礼多为贵重物品，尤其是霆字五营统领鲍超（字春霆），更是呈上诸多珍稀物品。曾国藩只是象征性收下一顶小帽，其余"完璧归赵"。是年十月初九，曾国藩在日记中写道："鲍春霆来，带礼物十六包，以余生日也。多珍贵之件，将受小帽一顶，余则全璧耳。"曾国藩警惕被"围猎"而"突围"之。

案例十

被康熙皇帝赞为"天下廉吏第一"的于成龙从44岁出仕为官至其寿终，无论官职大小，始终保持着甘于清贫、不畏艰苦、吃苦在前、享受在后的思想状态，其个人生活一直十分俭朴，常年"屑糠杂米为粥，与从仆共吃"。去世时木箱中只有一套官服，别无余物。宦海20余年，于成龙只身天涯，不带家眷，只有一个结发妻阔别20年后才得一见，其清操苦节可以说享誉当时。这种"耐得住清贫"的为官操守彰显出其超越历史的优秀品格。廉洁和清贫从来是不可分割的，一个人如果丢掉吃苦精神，不愿艰苦奋斗，骄奢淫逸、贪图享受就不可能从根本上保持廉洁。我们学习廉吏精神，就要学习于成龙这种甘于清贫，廉洁刻苦的品格，大力倡导和发扬艰苦创业的精神，不论干什么事情，都要守得住清贫，耐得住艰辛，始终保持谦虚谨慎、艰苦奋斗的优良作风。

（五）慎好——摒弃不良嗜好，把好自身这道关

为官者的个人爱好，不仅仅是个人行为，也是具有广泛影响力的社会行为，有时候甚至是关系国计民生、国家生死存亡的大事情，所以，为官者应慎重对待自己的嗜好。《孟子·滕文公上》有云："上有好者，下必有甚焉者矣。"如楚王好细腰，宫中多饿死；齐桓公喜欢穿紫色的衣服，全城的人都穿紫色的衣服；齐灵公喜欢后宫里的妃子们女扮男装，全国上下无不纷纷仿效，在全国形成了一股女扮男装的潮流。这就是上行下效、投其所好。所以，为官者要节制个

人的爱好，把握不住自己的嗜好，小则伤身，大则丧志，重则丧命，不要让不良嗜好酿成祸端，也不要让不良嗜好误了自己的人生前程。

大千世界，芸芸众生，无论贫富贵贱，文雅野俗，总有一二所"好"，由好而嗜、由嗜而成癖者，也不在少数，譬如好花鸟虫鱼，好古玩字画，好垂钓品茗，好收藏集邮，好远足旅游，好跳舞唱歌，好酒贪杯等，不一而足，只要不误正事以至于玩物丧志，别人就无权说三道四。然而，一旦为官，尤其是掌管一方或要害部门的权高位重者，对个人所好就应慎之又慎了，因为"上有所好，下必甚焉"，往往会有宵小之徒，无耻之辈，利用官员嗜好大做文章，投其所好，拉官下水，其例子举不胜举。

在清代，皇帝用膳有很多讲究，其中就有"吃菜不许过三匙"的"家法"——皇帝如果吃哪道菜一旦超过3口，太监就会高喊一声"撤"，这道菜立马就被撤下，而且十天半月之内，即使皇帝再想吃这道菜，也不会出现在膳案上了。对皇帝定下如此严格的"家法"，据说是因皇帝的饮食嗜好也是"核心机密"，不能为外人所知，再亲近的人也不行。一是怕有人下毒，谋害皇上；二是怕有人知道后，投其所好，用口腹之欲诱使皇帝干出一些有失体统的事情来。

皇帝也好，官员也罢，对自己的兴趣、爱好、习惯，如果不善节制，就可能被别有用心的人所利用，成为不法之徒腐蚀的缺口，让惯于钻营之人察言观色、溜须拍马，喜欢什么送什么，"糖衣"裹着的"炮弹"几乎一打一个准儿。许多人在金钱、美色面前不动心，却因自己的爱好得到一时满足而不知不觉被人下"套"，戴上"枷锁"，被小人利用而陷入泥潭，以致一失足成千古恨的，古往今来，不乏其例。

案例十一

南宋权臣贾似道以好斗蟋蟀而闻名，于是和他斗蟋蟀的官宦络绎不绝。奇怪的是，所有送上门的蟋蟀都无一例外地大败而归，贾似道大发横财。那些故意输钱的主，没有一个是傻子，他们也都分别依输钱多少不等，得到相应的官职和好处。最终的结果是，贾似道独揽朝政，结党营私，奢侈腐化，百姓遭殃，误国误民，对加速南宋灭亡具有不可推卸的责任。

案例十二

清代官员冯志诉嗜碑帖字画如命，官至庐州知府时，有属吏将一本宋拓名碑献上，冯志诉眼都不睁，遂还，吏问："何不启视之？"冯志诉道："不启视尚可以赝本自解，果若真而精者，吾又安忍不受乎？"这位冯知府就很有自知之明，明知自己意志不够坚定，就干脆眼不见为净，取"鸵鸟政策"，但不管怎么样，人家终究没有伸出手去。

案例十三

北宋宰相吕蒙正，果敢磊落，清正廉洁，但好古玩。有人为升官，送上一面古镜，价值连城，据说能照二百里，吕莞尔一笑："吾面如碟子大小，照脸安用二百里"，有道是"以人为镜，可以正衣冠"，为官有"好"者，不妨学学吕蒙正，吕蒙正也是一面当今为官者的"宝镜"。

对一些干部的围猎，明着来难以达到目的时，那些别有用心的人就会从干部的爱好入手，投其所好，设圈套于无形，最终把人拉下水。这样的例子举不胜举，教训深刻。兴趣爱好是一把双刃剑，既可以让人功成名就，也可以让人身败名裂。作为领导干部一定要节制自己的爱好，最高境界就是"民之所好好之、民之所恶恶之"，不要让自己的爱好成为别人谋取不当利益的工具。

（六）慎权——扎紧制度的笼子，根治权力任性

权力是把双刃剑，对廉洁者是一把人生的拐杖；对贪婪者是一把自刎的利刃。为公所用则两相其益，为私所用则两败俱伤。权力不是上天给的，君权不是神授的，为官者不能把手中的权力看作是自己的私有财产，用权不谋一己之私利，不能公权私用，要自觉接受群众监督。邓小平曾告诫说："我们拿到这个权以后，就要谨慎。不要以为有了权就好办事，有了权就可以为所欲为，那样就非弄坏事情不可。"①要有正确的权力观，要在权力面前始终保持一个正常的心态，而不能滥用权力，以权谋私，要权为民所用，让权力在阳光下运行。对权力进行约束和监督，把权力关进制度的笼子里，其实也是为了保护官员。如果权力不进笼子，就会有官员进"笼子"。光有笼子不行，还得把权力"关住"，让权力在笼子里规规矩矩、老老实实，用制度管权管人。

案例十四

春秋时期宋国大夫正考父作为几朝元老，对自己要求很严，他在家庙的鼎上铸下铭训："一命而偻，再命而伛，三命而俯。循墙而走，亦莫余敢侮。饘于是，鬻于是，以糊余口。"意思是说，每逢有任命提拔时都越来越谨慎，一次提拔要低着头，再次提拔要曲背，三次提拔要弯腰，连走路都靠墙走。生活中只要有这只鼎煮粥糊口就可以了。正考父的这种看似过分的谦卑，本质是对权力高度敬畏的一种境界，难能可贵。干部具备了谦卑、谨慎之品行，定会畏天、畏地、畏法度，身有所正，言有所规，行有所止。权力姓公不姓私，只能用来为党分忧、为国干事、为民谋利，做到法定职权必须为，法无授权不可为，保持如临深渊、如履薄冰的谨慎；要立正"三观"，谨慎用权，从源头上解决好"为谁当官、为谁掌权、为

---

① 《邓小平文选》第 1 卷，人民出版社 1994 年版，第 303—304 页。

谁服务"这一从政为官的根本问题，牢牢记住"官"是为人民服务的职位，"权"是为民谋利造福的工具，权力越大，越要头脑清醒，越要算清人生大账，谨言慎行。

加强对权力运行的制约和监督，要从健全体制机制上下功夫，建立健全各项法律法规制度是遏制腐败铲除腐败的根本出路。制度、规则一旦确立下来，就要坚决执行，落到实处。我们需要好的制度，更需要有好的落实。制定制度固然重要，但落实制度更为重要。没有制度是可怕的，有了制度不执行同样也是可怕的，没有落实的制度等于没制度。有很多事情，并不是坏在制度上，而是坏在不执行上。强化制度意识、规则意识，内化于心，外化于行。首先要学习了解相关的法律法规、制度规定，通过学习了解，把制度、规范内化为自己的思想和行为，内化为自身的一种意识和品德，内化为自己的价值追求，养成一种良好健康的从政习惯。对制度规范的遵循和恪守，是一种修养，一种品格，更是一种责任。

（七）慎言行——谨言慎行，言而有信

"吾日三省吾身"，这是党员干部必须具备的修身之道，在谨言慎行中突出公仆意识、为民意识、责任意识。《墨子》有云："慎言知行。"很多祸根，都是出言不慎造成的。如果口惠而实不至，则大祸不远矣。一些干部对待群众工作不耐心、应付了事，对上级的决策说三道四、不以为意，工作上门难进、脸难看、事难办，遇到群众来办事就说些"我不知道""不归我管"之类的言辞搪塞敷衍，说什么"老百姓工作难做，可以不做就不做"之类的推诿扯皮；生活上迷恋酒局、饭局、牌局，热衷"以酒会友"；有的干实事能力不足，做表面工作堪称一流，领导喜欢看就做，领导看得见才做；有的喜欢讲江湖义气，逢人称兄道弟，上级下级、大哥兄弟。凡此种种，虽不算违反法律纪律，却能在潜移默化中产生很大的负面效应。

案例十五

周武王死后，周成王继位。一天，周成王和弟弟叔虞一起在宫中玩耍。周成王随手捡起一片落在地上的桐叶，把它剪成玉圭形，送给了叔虞，说："我要封你到唐国去做诸侯。"史官们听后，把这件事件告诉了周公。周公见到周成王，问道："你要分封叔虞吗？"周成王说："怎么会呢？我跟弟弟说着玩的。"周公却认真地说："天子无戏言！"后来，周成王只得选择吉日，把叔虞正式封为唐国的诸侯，史称唐叔虞。"桐叶封弟"的故事告诉我们：当权者应言而有信、谨言慎行，一言既出，驷马难追。

案例十六

刘备本来是个谨言慎行之人，喜怒不形于色，但也有酒后失言的情况。为了给关羽、张飞报仇，刘备亲自领兵攻打吴国，在一次宴会上，刘备酒后失言，他对屡立大功的关兴、张苞说："昔日从朕诸将，皆老迈无用矣；复有二侄如此英雄，朕何虑孙权乎！"说者无意，听者有心，老将黄忠闻听此言后，心里很不是滋味，便提刀上马，与吴兵交战，后来中了埋伏，肩窝中箭，因年老血衰，箭疮痛裂而死，黄忠之死就是刘备酒后出言不慎所致。孔圣人就时常提醒我们要慎言，论语中有"讷于言而敏于行"一说，所以为官者说话要谨慎，行动要敏捷，做任何决策，一定要谨言慎行。

案例十七

清康熙十八年（1679年），已41岁的于成龙以"揭选"（抽签）的形式，走上了清初社会政治舞台。于成龙的初任是广西罗城知县。罗城当时作为经济社会落后的少数民族地区，又饱经20年战争摧残。因局势未稳，盗贼横行，之前的两任知县一个被杀、一个逃亡，再派的不敢赴任。整个县境荒草蔽野，劫后余生的百姓避居岩谷，县城一片废墟，只有居民6家、草房数间，县衙也是3间破茅屋。

险恶的环境加之水土不服、语言不通、缺乏基本生存条件，随他先后来到的9名随从四死五逃。困境中的于成龙置生死荣辱于度外，用自己的言行影响着当地百姓，他蓬头赤脚与各民族群众打成一片，紧紧依靠群众、放手发动群众，针对杀掠成风的社会治安问题，针对地方势力挑动民族仇杀、抗命不遵的问题，针对发展经济中的诸多热点难点问题，他说到做到，敢于动真碰硬，大刀阔斧地推出了一系列整顿治安、恢复生产、减轻群众负担的有力举措。罗城境内安定后，他又着力解决邻县豪强经常入境抢掠的突出问题。在报请柳州府迟迟无果的情况下，他从"身为父母而可使子女遭殃乎"的责任感出发，甘冒触犯清廷法令"未奉命而专征"为不赦之罪的后果，决心"奋不顾身，为民而死"，既组织乡民练兵，又大造声势，声称要亲率征讨。在强力震慑下，邻县豪强只得前来"乞恩讲和"，退还掳走的丁口耕牛，保证再不犯界，从而为社会治理创造了有利的外部条件。三年时间，就使广西遭战争摧残最重的罗城县呈现了"时和年丰、官民亲睦"的新气象，被树为全省治理的唯一样板县。

（八）慎平——居安思危，防患未然

《泾溪》："泾溪石险人兢慎，终岁不闻倾覆人。却是平流无石处，时时闻说有沉沦。"在有急流险滩的地方，人们大多会倍加小心，常常可以平安渡过，恰恰是在风平浪静、没有暗礁危石的地方，却常常发生船翻人亡的惨祸。稍有不慎，就会"一失足成千古恨，再回头已百年人"，到时悔之晚矣。人们对自己犯的每一个错误，都要付出惨痛的代价，错误越大，代价越惨痛。所以这就给我们的党员干部们提了一个醒：谨防坦途翻车，要居安思危，防患于未然，防祸于未萌。为官者须以珍惜事业成果为导航标。走上为官之路，是在党的教育培养下个人长期勤奋努力、敬业奉献的结果。此时要居安思危、处处谨慎，切不可得意忘形，放松对自己的要求，甚至肆意妄为，否则极易滑向腐化堕落的深渊。"千里之堤、溃于蚁穴"，

那些贪财亡身之辈，财命两空，也给亲人们带来了无限的磨难和巨大的伤痛。倘若懂得珍惜，何至于做出这种蠢事。珍惜自己的奋斗成果，就要正身修德、防微杜渐，这样才能抵御住各种诱惑，善始善终，防止坦途翻车！

为官不为也是过。做事是干部的天职，担当是干部的使命。作为一名领导干部，肩上肩负着重要的工作职责，不履行自己的工作职责，就是失职，就会给党和人民的事业造成不应有的损失。

为官不为平生耻，在位更需有担当。一个合格的领导干部，必须有所作为，敢于担当，有克难攻坚的勇气，有积极作为的锐气，有廉洁奉公的正气，有干事创业的朝气。唯有如此，方能认真履职，有所作为，不辜负党和人民的重托和期盼。

案例十八

有一次，广西巡抚陈元龙给康熙奏报，"桂林山中产有灵芝，时有祥云覆其上"，采到一枝高一尺余、状如云气的灵芝，并引用《神农经》中"王者慈仁则芝生"的话。康熙在其奏折上批道："史册所载祥异甚多，无益于国计民生。地方收成好、家给人足，即是莫大之祥瑞。"他还批过："如史册所载景星、庆云、麟凤、芝草之贺，及焚珠玉于殿前，天书降于承天，此皆虚文，朕所不取。惟日用平常，以实心行实政而已。"古代统治者也明白，各级官员不务实，老百姓活不好、活不下去，其封建统治是要垮台的。我们的党员干部更应该既严又实，以实心行实干实政之举。习近平总书记强调，在实干实政方面，历代统治者都应当予以注意。

案例十九

舜年轻的时候，曾在历山耕种。其耕地时，犁前驾着一头黑牛、一头黄牛，在犁辕上挂一个簸箕，隔一会儿就敲一下簸箕，吆喝一声。这一幕正巧被尧看到，便问："耕夫都用鞭打牛，你为何只敲簸箕不打牛？"舜拱手作揖答道："牛为人耕田出力流汗很辛苦，再用鞭打，于心何忍！我打簸箕，黑牛以为我打黄牛，黄牛以为我打黑牛，就都卖力拉犁了。"这则故事不仅生动有趣，也蕴含着管理智慧。作为一名管理者，必须以完成工作任务为目标，必须依靠劳动者的努力，要妥善处理好劳动主体与劳动目标的关系。"舜敲簸箕"，在劳动主体与劳动目标之间睿智地找到了结合点，既完成了任务，又锻炼了队伍，既入现实之理，又合人文之情，真可谓"神来一敲"。领导干部地位高、责任大，既要负总责，也要带队伍，所以更要讲究工作艺术，不能使蛮力。要借鉴"敲簸箕"的方法，协调好各种工作关系，处理好各种矛盾问题。

（九）慎友——择善而从，知人而交

一个好汉三个帮，一个篱笆三个桩。人生一世，不可能没有朋友，也不可能不交朋友，结交朋友是人生不可缺少的事情。清代王永彬在其所著的《围炉夜话》中曾谈到交友对个人发展的重要意义："友以成德也，人而无友，则孤陋寡闻，德不能成矣。"意思是说：交友可以促成我们德业的进步，一个人如果没有朋友，就会孤陋寡闻，也难以成就自己的德行修养。因此人生在世应乐于交友，广交朋友，但在交友的同时也应学会择友而交。尤其是对党员领导干部来说，他们也有自己的交际圈和生活圈，但由于领导干部的特殊身份，一旦交友不慎，就可能酿成人生大错，因此，为官者在交友方面不可不慎。

对于为官者该如何交友的问题，古圣先贤有着深刻的见解与体会，宋代著名贤臣范镇曾说过："仕宦不可广求人知，受恩多，难立朝矣。"明朝重臣（也是史上有名的廉吏）刘大夏也表述了相似的观点，他说："仕途勿广交，受人知；只如朋友，若三数人得力者，自可了一生。"一言以蔽之，上述两种观点都认为：朋友太多，往来礼敬越多（受恩多），这样一来，背负的杂私就多，就容易犯错误（难立朝），真正能够帮助你的知己，不要奢求太多（三数得力者），有两三个就足够了（自可了一生）。秉承这样的交友准则来做官，可能就会轻

松许多，办起事来自然就会廉明、公正许多，官位也就更加稳定。

除了孔子提出的择友原则之外，后世大贤也纷纷提出了自己的择友观点，明朝的苏浚在《鸡鸣偶记》中将朋友分为四个类别：在道义上能够互相砥砺，能够指出你的过失错误的人，这是畏友；无论事情是迟缓还是危急，能与你一同面对，你可以把生死托付给他的人，这是密友；整天与你甜言蜜语、巧舌如簧的人，是昵友；有利可图时都来争，一旦无利，马上翻脸不认人的人，这是贼友。因此为官者要多结交直言相谏的诤友、畏友和患难与共的密友、挚友，少结交互相吹捧的昵友和人心两面、两面三刀的贼友。在交友上，要多一些君子之交、管鲍之交、刎颈之交、莫逆之交、金兰之交、患难之交，而少一些小人之交，小人之交虽有时像美酒一样甘美，但它是建立在功利、势利基础之上的，因为攀附权势而和你交往的人，如果你失去权势了，他和你的关系就疏远了。因为谋求利益而和你交往的人，如果你已经无利可图了，他就会离你而去。这也就是人们常说的"以势交者，势尽则疏，以利交者，利尽则散"，"有势则宾客十倍，无势则否"。

要慎友。领导干部也要交朋友，但社交圈、朋友圈一定要把握好界限，交往到什么距离一定要有分寸尺度，"与善人居，如入芝兰之室，久而自芳；与恶人居，如入鲍鱼之肆，久而自臭也"。我们要汲取一些地方商人出事、官场坍塌的教训，坚持择善而交、择贤而交，纯洁交往的目的，把持交往的行为，不要被人利用、受人牵制。曾国藩说："一生之成败，皆关乎朋友之贤否，不可不慎。"要学会优化自己的交友圈，与什么样的人在一起，就会有什么样的人生。

木必先腐而虫自生，先贤有云"匹夫不可以不慎取友"。普通人交友需谨慎，领导干部交友更需慎之又慎。因为领导干部手握权力，自然有许多人主动找上门来交朋友、拉关系、套近乎、献殷勤。有些人表面情深义重，实则背后包藏祸心，目的就是想通过他们的权力获得一些不正当利益。当权力与金钱成为"朋友"，权钱交易的腐败行为就极容易发生。

案例二十

交友不慎，必定酿成大错。红楼梦里有这样一个人物——李十儿，贾政的门官。此人虽然只是《红楼梦》中的一个小角色、小人物，但是，他却能撺掇贾政搞歪门邪道，让自己的主子犯下极大的错误和罪过。贾政被放任江西粮道，到江西督运漕粮事务时，一开始还比较规矩，对州县馈送一概不受。并出示布告："凡折收粮米，勒索乡愚者，一经查出，必定详参揭报。"此时，胁肩谄笑、投机钻营的门官李十儿，一看没油水可捞，便向贾政出起歪点子。李十儿先是假借老百姓的嘴说："凡有新到任的老爷，告示出得越厉害，越是想钱的法儿。州县害怕了，好多多地送银子。"而且，李十儿对贾政讲了一大通为官要"上和下睦"的歪理论，其中，最"中听"的是："老爷是极圣明的人。要知道：民也要顾，官也要顾。"接着，李十儿在贾政耳边吹风："趁着老爷的精神年纪，里头的照应，老太太的硬朗，为顾着自己就是了。不然，到不了一年，老爷家里的钱也都补贴完了，还落了自上至下的抱怨。"贾政听后，觉得李十儿的话有些道理，也就对李十儿的行为放任不管了。因此，李十儿哄着主子办坏事，打着贾政的招牌，勾连内外，敲诈勒索，自己做起威福，搜刮漕粮钱财，狠狠地捞了一把。不多几时，家里老婆便金头银面地装扮起来。结果，使贾政背上了一个"失察属员，重征粮米，苛虐百姓"的罪名，遭到朝廷的贬谪。

案例二十一

公仪休是鲁国的宰相。他奉公守法，依理行事，丝毫不改变规则，因而百官行为自然端正。他规定领取俸禄的官吏不得与老百姓争利，做大官者不得牟取小利。有一个客人送给公仪休一些鱼，他不肯接受。客人说："听说您爱吃鱼，特送给您这些鱼，为什么不肯接受呢？"公仪休说："正因为爱吃鱼，所以不能接受。我现在做宰相，自己能够买得起鱼，如果因为接受了你送给我的鱼而被免去了宰相职务，以后谁还会送给我鱼呢？所以我不能接受。"有一次，他吃了自家园里种的蔬菜，觉得味道很美，就把园子里种的葵菜拔出来抛掉；看到自己家织出来的布质量很好，马上就把他家里的织妇打发走，并烧掉那些织布机。他说："（咱们种菜织布）叫那些菜农，织女到哪里去卖他们的货物呢？"

有人说，很多人和为官者交朋友，看重的不是官员的人品，而是官员手中的权力，官员就不可能交到真朋友。事实并非如此。对为官者来说，恪守为官之本，慎重对待交友，遵循择友之道，一定会交到真朋友。一定意义上讲，为官者能否交到真朋友，不仅检验其为官之德，还彰显其视野胸襟。

敢于交诤友。有些为官者有了权力之后，就不爱听逆耳之言，只爱听奉迎之音。如此一来，只会有谄媚者走上前去，哪会有真朋友与之相交。孔子曰："益者三友，损者三友。友直，友谅，友多闻，益矣；友便辟，友善柔，友便佞，损矣。"明代苏浚把朋友分为四类："道义相砥，过失相规，畏友也；缓急可共，死生可托，密友也；甘言如饴，游戏征逐，昵友也；利则相攘，患则相倾，贼友也。"可见，直友、畏友都排在第一位，皆是最应该交的朋友。

多和群众交朋友。"以势交者，势倾则绝；以利交者，利穷则散"。倘若为官者交朋友看身份、看名号，只认权贵、只认商人，就不可能交到真朋友。"知屋漏者在宇下，知政失者在草野"。普通群众、基层干部、先进模范、专家学者最能看得见为政得失，恰恰应是为官者的好朋友。安徽省凤阳县小岗村原第一书记沈浩在小岗村坚持把群众当作良师益友，久之成了"农民群众的贴心人"；湖南省委原副书记、最美奋斗者荣誉获得者郑培民经常跟普通群众唠嗑聊天，后来他们都说"郑书记是我的好朋友"。一名官员如果能成为群众认可的朋友，就不会走上歪路邪路。

（十）慎亲——塑造良好家风，防止后院起火

人格塑造家风，家风孕育人格。家风其实就是在家庭里形成的一个统一的道德标准。良好的家风可以促进家庭成员更好地学习人生的道理，做一个对社会有益有用之人。被清代称为"中兴第一臣"的曾国藩，治家教子被公认为中华第一能人。那时天下风云变幻，可曾家始终保持了严谨的家风，名人辈出，延续五代不衰。古人云："家有贤妻，则士能安贫守正。"古人还说："妻贤夫祸少，子孝父心宽。"习近平总书记用六亲不认告诫官员们一定要看好后院这道防线，防止后院起火。

党员干部的家风如何，直接影响着周围的群众。老百姓不仅关心党员干部廉洁自律、勤政为民的问题，还十分注意其配偶子女在社会上的言行举止。少数领导干部在家风建设上失之于宽、松、奢、察，对妻儿所作所为听之任之，从而酿成恶果。所以，党员干部要管好管住身边的人，在廉洁修身的同时做到廉洁齐家，保证家庭风清气正，真正做一个上不愧党，下不愧民，近不愧肩负职责，远不愧祖宗清誉的好党员、好干部，真正成为引领社会风尚、弘扬社会正气的好榜样和导向标！

总之，广大党员干部要揣摩透慎字的内涵和意义，始终保持自觉的政治意识、全局意识尤其是自律意识，将其深植于内心，外化为行动，真正将自己塑造成一个百毒不侵的钢铁战士，真正做到立大志、顾大局、做大事，真正做到善始善终、不误前程、守住晚节！

众所周知，任人唯亲是与任人唯贤是相对的。我们党在用人上历来提倡任人唯贤，这是《党政领导干部选拔任用工作条例》规定的党政领导干部选拔任用的六条基本原则之一。要坚持任人唯贤，就必须立场坚定反对任人唯亲。因为任人唯亲就等同于"近亲繁殖"，其危害太多也太大，对党的事业百害而无一利。

一是任人唯亲必然导致整体执政能力下降。如果我们不能做到唯才是举，在用人上只想着自己的亲友，对这些人不论水平高低、

能力大小，都照用不误，对大批优秀人才视而不见，就势必会造成庸者上、能者下的局面。在一个部门，一个单位，甚至一个地区任职的都是"自家人"，"自家人"共荣共辱，好说话，好办事，平时你罩着我，我护着你，你帮着我，我关照着你，大家沆瀣一气，捞取好处，共贪挥霍，时间长了就会形成"腐败生态链"，就会对党的事业发展贻害无穷。

二是任人唯亲必然影响党在群众中的威信。纵观历史，古有祁黄羊出以公心外举不避仇，内举不避亲，传为佳话。如果我们在选人用人上，只顾裙带关系、封妻荫子、夫贵妻荣，尽显"一人得道，鸡犬升天"的局面，这样我们党在群众心目中的威信就会下降，长此以往，我们党就会失去已有的群众基础，就会遭到百姓的质疑和抛弃。

好的家风造就和睦的家庭，有助于子女健康成长。好的家风必然会影响学风、民风、政风，形成良好的社会风气，这是民族兴旺发达、国家繁荣昌盛的必要条件。今天，不少领导干部忽视了家风教育，任由亲人子女"扯虎皮做大旗"，甚至有意延递权力，主动贪腐。长此以往，愈陷愈深，最终不能自拔，直到锒铛入狱，冰冷的手铐铐上手腕，方知悔恨，可惜，悔之已晚！良好的家风才是留给子女的最好财富，远远比留给子女大笔钱财要有用得多。

案例二十二

裴注引《吴录》："（孟仁）除监池司马。自能结网，手以捕鱼，作鲊寄母，母因以还之，曰：'汝为鱼官，而以鲊寄我，非避嫌也。'"大意是：三国时的吴国人孟仁曾经担任监鱼池官，他亲自结网捕鱼，将捕获的鱼制成腌鱼寄给母亲。母亲退还给他说："你身为鱼官，却把腌鱼寄给你的母亲，你没有做到当官应该避嫌！""一心可以丧邦，一心可以兴邦，只在公私之间尔。"深明大义的母亲，苛责中寄寓着大爱，足见她把"公私分明"看得很重。这是慎亲的正面例子。

党员干部要正确处理公与私的关系，厘清公私界限、摆正公私位置，自觉修养一颗为民公心，涵养公而忘私的宽阔胸襟与高尚情怀。

四、为官之道，慎终如始，慎独慎微慎用权

《官箴》中说，为官最重要的三个字，就是"清、慎、勤"。这三个字中，"慎"是极为重要的，正是有所戒慎，为官才可能清廉勤谨，正是慎终如始，才得以成就事业，保得一生的清名。

然而做官，慎始本是不易，慎终更难。做到慎始的人已是兴国兴业，早立清名，而慎始又慎终、始终如一的人，可说是做到了道德的上等境界，不仅生前事业不败，身后也是名誉远著，传于后世。可叹许多慎始者，未能贯彻到底，以至于身居高位而不思民生，坐拥钱帛而失却大义，不仅于天下为盗贼，于国家为蠹虫，也必是败家之辈，亡命之徒。

在中国悠久的历史中，善始者实繁，克终者盖寡。历史上的为官者，又有多少能够始终如一、利国利民，身得其所呢？秦朝的李斯，宋朝的秦桧，乃至明朝的严嵩，清朝的和珅及其此类等，虽评价不一，清浊有别，但由早年之意气风发，终至于毁国败家，未尝不因一念疏阔，遂使后人或叹惋良久，或咬牙嫉恨。与之相比，善始善终，名扬后世者，如唐朝前有狄仁杰，后有郭子仪，宋朝包拯，明朝海瑞等，才力虽不易较量，却皆是于国于家尽心用命，慎之又慎，至于终老，二类相匹，可知"慎"字之重，实为始终如一之要义。

案例二十三

战国末期，秦朝李斯初以布衣见秦王，献策出谋而受到赏识，终至于宰相之位，经营天下，为秦朝统一立下汗马功劳，成为偌大帝国的第二管理者。但他身处高位而不知戒惧谨慎，不以德行为本，

反为保住自己的权位而联合小人，施用诈谋，嫉贤妒能，最终死于赵高之手，也是纵恶成奸，无可奈何了。

案例二十四

秦桧是南宋著名的奸臣，他的雕像至今跪在岳飞墓前，而关于他的民间故事，往往不会提及他当初的爱国热情。早年的秦桧，反对割地求和，亦常有民族大义之言。后来金兵攻至东京开封，掳走两位皇帝，欲建立伪政权，秦桧坚决反对，就被一同掳走。南宋建立之后，秦桧自金还宋，渐掌朝政大权，而之后的故事，就和传说差得不远了，贻误战机，一味求和，贪污受贿，飞扬跋扈。

慎终之难，可见一斑。大多数人都明白什么是对，什么是错，当身在事外，对事内人评价之时，大都能说出一番正义宏论，但当身处事内，最初尚可持正，后来就渐渐忘记了初心，当初的热情与愤慨也渐渐消磨，终至于水清则清，水浊则浊，很难再有"举世皆浊我独清"的斩钉截铁的心态了。这恐怕也是慎终的难处所在吧。凭着一股上升的志气，人能够慎始，嫉恶如仇，为正去恶，然而当位置渐高，志得意满，也就逐渐失掉了戒慎之心。

戒慎之心如同善与恶的分界处，如同壁立万仞的悬崖，失掉它就如同自崖上跌落，想停也停不下来了，直到罪恶的谷底。秦桧是这样，广受诟病的严嵩、和珅也是这样。

案例二十五

严嵩在嘉靖年间把持朝政近20年，是一个有才能的人。他早年在士人中颇有清名，也知人善任，但自从他走上了朝政的高位，心也慢慢变了，最初他尚能有所进言劝谏，但自皇帝训诫后就完全倒向了对王权的服从。后来他和儿子严世藩的贪污受贿等种种恶劣行为无不自此时起。于皇权之畏惧生，而于正义之畏惧消，贪权享乐之念起，而戒惧谨慎之念灭。人心这样的转变，是多么令人畏惧。

案例二十六

坊间无数闲谈中提到的和珅，是清朝乾隆年间的贪腐巨官。他本出身贫寒，有些才华，在参与政事的早期，皇帝让他巡察地方政务，他还办得很出色，彻查了一些官员。但到后来他的关系网越来越大，办案处处留恩，自己也开始大肆贪腐，连家奴都有了豪宅。这样直至富可敌国，却落得抄家赐死的凄凉晚景。他从什么时候走上了贪腐之路呢？就在他受到皇帝宠信，失掉戒慎之心的时候吧。

与这些失足之人相比，深知"慎"字之重，慎终如始者弥足珍贵。唐朝的狄仁杰，为官以苍生为念，持心慎之又慎，在政局动荡中得到各派贤人的认可，并获生前身后之殊荣，为官许久，事功颇多，可谓慎终如始。他之后的郭子仪，礼贤下士，同李光弼平定安史之乱，稳定唐朝中期政局，20余年间系天下安危于一身，却始终谦和谨慎，人称其"权倾天下而朝不忌，功盖一代而主不疑"，可说是戒慎始终的典范。

北宋的包拯，为官之处不取一钱，法之所在绝不容情，他曾写诗道："清心为治本，直道是身谋。秀干终成栋，精钢不作钩。"正是这样坚毅的精神贯通了他的一生，毫不松懈。不仅如此，他还要让后代秉承他的精神，不准贪污者进入家谱，这样的清明一生，可谓慎终如始。与他相似的还有明朝的海瑞。

海瑞自明嘉靖开始做官，经历了张居正变法，却也是明朝逐渐衰落的时候。他嫉恶如仇，打击豪强，同情弱者，分散田地，俸禄之外一概不取，以至于官居上等，却穷困潦倒。海瑞的清廉节操到死都未曾改变，他去世时家中无钱，丧事都难以举办，因此民间流传说他只用红袍（官服）盖身当了棺材。海瑞读书时自己取字"刚峰"，希望自己一生刚正不阿，可说他用一生诠释了这两个字，始终如一，成为中国历史上的传奇。

人们评价历史上的人物时常说"清者自清，浊者自浊"，似乎清官能臣自始至终是好的，贪官污吏自始至终是坏的，其实很难这样说。任何人的性格中都有善有恶，只是当一个"慎"的心渐渐弱下了，恶也就起来了，这时就算明白自己做得不对，也会找各种理由自欺欺人，而不肯直面自己的错误，人就是这样走入恶的深渊。看看历史上这些人的成败，人们应该思考自己的心，是不是忘记了初衷。

现代社会上一些为官者因慎始而得居要职，却未能慎终，早有善誉，后有灾殃，纵然醒悟，后悔莫及。魏征在《谏太宗十思疏》中讲道，人在身处忧患之时，必会竭尽诚心，谦和为人，而得志之时又往往放纵自己欲望，骄傲自满，正是因此，在事业开始的时候，人能做得很好，事业已成之后，却难以保持，所以"善始者"很多，而"克终者"很少。这正是慎始而未慎终的缘故啊！若使人慎终如始，种种的家国悲剧又怎会一再重演！

对领导干部来说，谨言慎行很重要，"慎独、慎微、慎用权"更为修身之要。

为官需"慎独"。官员在独处时想什么、做什么？如果没有外人的监督，是否能做到不做亏心之事，不放纵自己，不做有违道德良知、党纪国法之事？这需要很强的个人道德定力和境界修养。纵观几千年中国文化，古圣先贤都把"吾日三省吾身""不自欺""处世当无愧于心""暗室不欺"等看作是"慎独"的一种表达。汉代的杨震、明代的李汰，面对金钱的诱惑，在暮夜无人知晓的情况下，不是笑纳，而是断然拒绝。清代的叶存仁在离任之际，面对僚属们趁夜色馈赠的礼品，心领而已，这就是官员的"慎独"。因为在他们内心深处，已经把"头顶三尺有神明""不畏人知畏己知"化为了自己的坚定信念。晚清名臣曾国藩就特别看重"慎独"。他的遗嘱第一条就讲"慎独"，"慎独则心安……能慎独，则内省不疚，可以对天地质鬼神"。在《论共产党员的修养》中，刘少奇说："即使在他个人独立工作、无人监督、有做各种坏事的可能的时候，他能够'慎独'，不做任何坏事。他的工作经得起检查，绝不害怕别人去检查。"①他把传统文化中的"慎独"思想应用于共产党员的党性修养，今天，很多领导干部走上违法犯罪的不归路，恰恰是在"慎独"上出了大问题。

为官需"慎微"。在小事、细节上谨慎，防微杜渐，勿以恶小而为之。有这么一个故事，一个偷针的人和一个偷牛的人被捆在一起游街。偷针的人感到愤愤不平，为什么把我与偷牛的人一样对待？偷牛的人低声说，别埋怨了，我也是从偷针开始的。人生的祸患危亡常常就是起于忽微细节、芝麻小事。杜甫因他人馈赠一件名贵毛毯而心中不安，直到原物送还后才感到心安平和。白居易在杭州为官，即将离任时，为自己行囊中有两片天竺山名石而深感自责，认为这伤了自己为官的清白。现如今，一些领导干部往往把"成大事者不必拘小节"挂在嘴上，以为吃点喝点拿点贪点算不了什么，满不在乎。他们思想上渐渐放松警惕，行为上开始放任自流，以至于什么场合都敢去，什么事情都敢做，什么钱都敢拿，什么朋友都敢交。理想信念完全丧失，小毛病变成大毛病，小节变成大节，结果从量变到质变，最终深陷泥沼不能自拔，酿成人生大祸。对领导干部来说，细节决定着大节和成败，道德修养要从小处做起。

为官需"慎用权"。"官，吏事君也"，是官就有权，有权就容易滥用权，这是万古不易的一条经验。权力是一把"双刃剑"，虽无好坏之分，但其运用却有好坏之别。用得好，可以造福社会、泽被子孙后代；用得不好，就会危及国家、祸及自身。为官者不能把手中的权力看作是自己的私有财产，以权谋私；不能把"做官发财"当作为官的信条和座右铭。权力不受约束，必然会导致腐败。对权力而言，制度就是"清洁剂""清道夫"。有些落马的官员说，官做到我们这一级，就再也没有人给我们提醒了。习近平总书记告诫党员领导干部，要"务必珍惜权力、管好权力、慎用权力"。所以，

---

① 刘少奇：《论共产党员的修养》，人民出版社 2018 年版，第 63 页。

官员一定要过好"权力关",要在权力面前始终保持一颗敬畏心、平常心;要有如履薄冰、如临深渊的警觉意识;要依法依规用权,自觉接受各方对权力进行的约束和监督;要让权力的阳光透明,充满公平与正义。

第二讲
崇学尚德家风良　做人做事德才备

家事连着国事，家风连着党风。党员干部的家风与作风、党风都紧密相连，家风建设是党员干部的一门必修课。习近平总书记指出："把家风建设作为领导干部作风建设重要内容，弘扬真善美、抑制假恶丑，营造崇德向善、见贤思齐的社会氛围，推动社会风气明显好转。"①习近平总书记关于家风建设的这些重要论述，正是对"红色家风"的传承和发展，为新时期加强党员干部家风建设提供了根本遵循和科学指南。

所谓"红色家风"，由"红色"和"家风"两个词组合而成，主要指以老一辈无产阶级革命家为代表的共产党人，在长期革命、建设、改革的历史实践过程中，形成的家庭文明、传统习惯、行为准则及处世之道的综合体，是中国共产党人的精神、道德、价值取向及作风在家庭生活中的集中体现。翻开厚重的党史，我们不难看出，"红色家风"是真正的家庭精神财富，既蕴含着共产党人崇学、崇德、崇俭、崇廉的崇高风尚，又传承着共产党人的初心和使命。它如同无言的教育、无形的磁场，指引着一代代共产党人，做到"四

---

① 中共中央党史和文献研究院编：《习近平关于注重家庭家教家风建设论述摘编》，中央文献出版社2021年版，第34页。

个崇尚",树立"齐家"标杆,看好家庭后院,防止"祸起萧墙"。

一、崇学尚学　书香齐家

学如弓弩,才如箭镞。一个人要想成长进步,好学勤学是最基本的要求。党员干部更是如此,要做到善于敢于担当作为,就必须从好学、勤学的家风抓起,大力弘扬老一辈革命家崇学的家庭风尚,在好学、勤学、乐学、真学、实学上身体力行下功夫,带动家人树牢终身学习的理念,坚持学以益智、学以增才、学以修身,练就干事创业的真本领,成为一名对党、对国家、对人民有益的人。正所谓"耕读传家久,诗书继世长"说的就是这个道理。

老一辈无产阶级革命家不仅自己崇尚学习,还督促、引导家庭成员培养爱学习的习惯。1941年1月31日,毛泽东在写给正在苏联求学的毛岸英、毛岸青的信中讲道:"趁着年纪尚轻,多向自然科学学习,少谈些政治。政治是要谈的,但目前以潜心多习自然科学为宜,社会科学辅之。"[①]对李敏的中文学习,毛泽东也是煞费苦心,不只是简单地布置任务,还亲自教李敏古典文学知识。李敏曾谈道:"能跟同学们齐步同行地学习中文,实事求是地讲,除了我刻苦、肯学的原因外,能够迈过中文这一难关,我得感谢我的爸爸。"[②]董必武常常教育子女,要爱学习、善学习。他强调:"学要有恒,尤要专心。"陈云得知陈伟华想要继续学习时,就指导女儿首先要学习马克思主义的哲学著作。

学者非必为仕,而仕者必为学。党员干部是党的事业的组织者和推动者,要养成善学、爱学、勤学的习惯,让勤奋向上的学习家风薪火相传,不断开阔知识眼界、陶冶思想情操、提升精神境界,使自己乃至家庭成员都成为推动党的事业前进的中坚力量。

---

① 《毛泽东书信选集》,人民出版社1983年版,第166页。
② 李敏:《我的父亲毛泽东》,人民出版社2009年版,第46页。

二、崇德尚德　忠孝传家

国无德不兴，人无德不立。在"红色家风"形成过程中，"德"是核心要义。老一辈革命家治家教子，无不是围绕修身立德而展开的。这其中，"忠"与"孝"是主线。百善孝为先。自古以来，我国就有"忠臣出于孝门"之说，"孝"主要强调"始于事亲，中于事君，终于立身"。对领导干部而言，传承好守孝道的家风，才能够涵养起忠诚之德。一个连父母都不孝顺的人，又怎么能够指望其忠于党、忠于祖国、忠于人民？"孝"才是"扣好人生的第一颗扣子"，是修身做人的根本和前提。

中国共产党成立以来，中国共产党人始终是中华孝道文化的最好传承者、发扬者和实践者，推崇"为人民服务，就是对父母最大的孝"。1944年2月，朱德生母去世，他在《解放日报》上发表了悼文《回忆我的母亲》。文章中写道："我用什么方法来报答母亲的深恩呢？我将继续尽忠于我们的民族和人民，尽忠于我们民族和人民的希望——中国共产党，使和母亲同样生活着的人能够过快乐的生活。"这就是中国共产党人传承孝道的最高境界。

天下至德，莫大于忠。对党忠诚，是党员干部坚定政治信仰、砥砺政治品质和提升政治能力的第一要求。同时，自觉把爱家与爱国、爱人民统一起来，也是党员干部为民尽责、为国尽忠的情怀所在。

三、崇俭尚俭　勤俭持家

历览前贤国与家，成由勤俭败由奢。勤劳节俭不仅是中华民族的传统美德，还是历代共产党人家风家训的突出特点。在共和国十位大将中，徐海东大将出身最苦，18岁之前，没有吃过一顿饱饭、没有穿过一件新衣。从劳苦工人到共和国大将，他始终秉持节俭家风，处处严格要求自己，穿的是新四军时期的旧军服，即使破旧了也要缝补后继续使用，用了几十年的生活用品都舍不得扔掉。

习仲勋特别重视从严教子，从不娇惯。也许是他特别爱孩子的缘故，所以特别重视从严教子。在习仲勋的影响下，形成了勤俭节约的家风。老一辈革命家十分重视艰苦朴素、勤俭克己的家风，他们以党性滋润家风，以实际行动言传身教，砥砺后人。

四、崇廉尚廉　正气立家

国无廉则不安，家无廉则不宁。廉洁是共产党人家风最核心的内容，很多腐败的根源"不在颛臾，而在萧墙之内"。一旦家风不正或者不廉，整个家庭甚至整个家族都会遭殃。从近年来查办的腐败案件看，有的领导干部完全背离了"红色家风"，搞"前门当官，后门开店"，"贪内助"的活跃身影是腐败的一颗大毒瘤。正如有的贪官在忏悔录中所说："冰冷的手铐有我的一半，也有我妻子的一半。"可见，"妻贤夫祸少，妻贪夫招罪"的古训，这是经历了多少人生苦而总结出来的。

党的十八大以来，以习近平同志为核心的党中央，坚持党要管党、全面从严治党，将良好家风建设列为党员干部的必修课，通过出台中央八项规定、开展"党的群众路线""三严三实""两学一做""不忘初心、牢记使命"主题教育等，开创了家风、党风、政风、社风建设的崭新局面。但是，腐化堕落往往是从个人小节松懈开始的，作风建设、廉政建设永远在路上。这就要求各级党员干部，在管好自己的同时，要严格教育、严格管理、严格监督配偶和子女。防微杜渐，抓早抓小，坚决防止"枕边风"成为贪腐的导火索，防止子女打着自己的旗号非法牟利。作为家属，也要明事理、畏法度、勿攀比、慎微始，坚决守住"大后方"，筑牢拒腐防变的家庭防线。

五、家教门风与官德

中华优秀传统文化特别注重家教门风，家教门风本质上是德行品行的传递，是先人美德对后人人格的影响。对官员来说，家教门风对其为人为官的品性修养也影响颇大。

古人之重视家教，有亲为教诲的，比如孔子庭训教子、曾子杀猪教子，也有编撰先世语录或家训传之于世的，如《朱子家训》《颜氏家训》等。为官者重视自身官德在后世的延续和发扬，许多官员在家训中表达自己为人为官的价值追求和操守，并将其转换为对后人的期望，以维持崇高的家声。

夫君子之行，静以修身，俭以养德。非淡泊无以明志，非宁静无以致远。夫学须静也，才须学也。非学无以广才，非志无以成学。淫慢则不能励精，险躁则不能治性。年与时驰，意与日去，遂成枯落，多不接世，悲守穷庐，将复何及！

诸葛亮的《诫子书》，短短 80 余字，正是其一生写照：青年隐居修学，待时后举，茅庐朴素，不求闻达，正是"静以修身，俭以养德"；"三顾茅庐"后凭忠心广才为蜀国立下汗马功劳，"接世"而不"悲守穷庐"。他以自身的德行训诫后人，以宁静淡泊修身修学，可谓古人家教的典范。

北宋名臣范仲淹"先天下之忧而忧，后天下之乐而乐"，以天下为己任，清廉节俭，爱民如子，所到之处官声甚盛。他不仅在任内为朝廷多建功勋，选拔奖掖后进的功劳也十分卓著。更可贵的是，他的几个儿子也都承袭父风，在北宋后期政坛颇有影响力。

范仲淹十分重视家风。他一生为官清廉，以俭持家，最看不惯奢侈浪费。他的儿子范纯仁结婚时，女方知其节俭，所以不提其他要求，只希望用罗绮作幔帐，却被范仲淹一口否决，说绝对不能因此坏了家法，如果对方送来这样的幔帐也一定会烧掉。不过，范仲淹并不吝啬。一次，范纯仁受父命到外地运麦子，途中遇到老朋友无钱葬亲，逗留在外，就将所有的麦子都给了他。回家后，还因为这件事受到父亲的表扬。在这样的言传身教下，范仲淹的四个儿子都延续了节俭的家风，养成中正的品格，为官以天下为己任，修得好名声。

《资治通鉴》编纂者司马光也是北宋名臣，他与范仲淹一样，严于律己，把"俭"字看得很重。他以天下为念，看轻个人财物，反对奢侈铺张。曾撰文《训俭示康》，专门强调俭的重要性。他说，"吾本寒家，世以清白相承"，"众人皆以奢靡为荣，吾心独以俭素为美"。他教育儿子司马康，为人有贪心，做官也一定不会清廉，走入贪赃枉法的歪路。他要求儿子把这条家训传承下去，"汝非徒身当服行，当以训汝子孙，使知前辈之风俗云"。由此可见，司马光对家教门风的重视程度。而司马康也秉承了父亲教诲，为人节俭，做官清廉，史书上说他"为人廉洁，口不言财"，连皇帝所赐财物都不要，还评价他"济美象贤"，很好地传承了司马家的家风。

"后世子孙仕宦，有犯赃滥者，不得放归本家；亡殁之后，不得葬于大茔之中。不从吾志，非吾子孙。"这是以"铁面无私"著称的包拯留给子孙的家训。时至今日，包氏子孙依然因有如此祖先而倍感光荣，因有如此家训而互相训诫。可谓官德之传，千百世矣。

家庭对一个人的影响是终身的，甚至在个人道德培养中起决定性作用。如果缺乏家教培养，在社会中又不能汲取利于自身修养的正能量，德行不厚，那么就算做了官，也是根柢不固，官德微薄，难以有利于国家，难以贞固以干事。官员如果对子孙家教不正，"官二代"也会对社会造成危害。今天出问题的官员，大多家风不正，家教不严，这样的例子有很多。所以，良好家教门风的树立，在现代社会依然是培养官员官德的重要方面。

六、做官从做人开始

做事先要做人，做官也要先做人。做人之于做官，正如修身之于平治天下，身之不修，何以治国平天下；就像精神信仰之于肉体，没有精神信仰的支撑，就会只剩下无所归依的行尸走肉；就像大地之于高楼，根基不牢，大厦就会倾覆。对官员来讲，修身做人绝不仅仅是个人的私事，它是为官为政的头等大事，丝毫不能放松。为人不正，为官必邪；为事贪鄙，为官必腐。

我们常说，做人有底线，境界无上限。那么，做人的底线在哪里？

做人要知耻。人与禽兽的一个主要区别就是人有羞耻心，耻源于内心，人不可以无耻。对一个人来说，最大的耻辱就是不知天底下还有"羞耻"二字。有的官员一旦贪腐行为败露，不但不自责内疚，还一味为自己开脱狡辩，百般抵赖，毫无悔意，可谓不知耻到了极点。所以，欧阳修把廉耻看作是一个人的"大节"。用再多的刑罚来惩罚一个人，不如唤起他的知耻之心。一个有羞耻心的人，就会知道，什么事该做，什么事不该做，而这比什么都重要。尤其是各级领导干部，要时时刻刻把"知耻"放在心中。官员作为一个国家的社会精英阶层，理应成为这个国家道德良知的体现者，公平、正义的维护者，当官员们丧尽天良，不知羞耻为何物的时候，这个国家的精神大厦将会轰然倒塌。

为人要常存敬畏之心。敬畏源自内心，就是对某种事物存敬重和畏惧之心。古语说："天下大事，成于惧而败于忽"，为人处世须有"人做天看，离头三尺有神明"的敬畏。为官更不应该忘记立身之本、为人之基。一旦失去敬畏，往往肆无忌惮、为所欲为，无论是能人贪腐、小官贪腐，几乎都是因为拥有权力以后变得张狂任性、无法无天，什么道德、法律底线，都抛到了九霄云外，结果无一例外是身败名裂，锒铛入狱，没有谁能超越这一历史铁律。领导干部工作上要大胆，用权上则要谨慎，常怀敬畏之心、戒惧之意，自觉接受纪律和法律的约束。心有敬畏，就会身有所正、言有所规、行有所止。

君子修身，莫善于诚信。做人要讲诚信，要把诚信看得比生命更重要，内不自欺，外不欺人，一言为信，一诺千金。商鞅立木取信，是说一个国家政权要想得到老百姓的支持，必须取信于民。一旦政府公信力下降，就会有人宁信谣传，不信政府，老百姓就不愿再与政府同舟共济，共渡难关。而整个政府的公信力，以每一位官员的诚信为基础。

做人要讲表里如一、言行一致、知行合一。荀子把那些"口言善、身行恶"、当面一套、背后一套，人前一套、人后一套，说一套、做一套的人视为"国妖"，顾炎武则以"披服儒雅，行同狗彘"痛斥那些表面上斯文儒雅、暗地里行为龌龊的人。这样的人，人格分裂，时时处处在演戏作秀，表里不一，言不由衷，口是心非，台上大讲廉洁为政，台下则大肆贪污受贿。对官员，不要听他说什么，而要看他做什么，要听言观行，而不要听言信行。

做人是综合素养的体现，除了廉耻、敬畏、诚信、知行合一外，还须常存仁爱心、自知心、自律心、宽容心、平常心、善心、孝心、恻隐心、是非心、辞让心；能时时反求诸己、三省吾身、扪心自问，常思贪欲之害，常弃非分之想；还要有人生追求、信念、信仰、理想、梦想，等等。一句话，做官先做人，要做一个心智成熟、人格健全、道德高尚、严于律己的人。愿我们的每一位领导干部都能够按照"三严三实"的标准要求自己，认识到做官一地一时、做人一生一世，一身正气，清清白白书写自己无怨无悔的人生。

七、德乃才之帅

春秋时期，晋国的智伯非常有能力，是最被看好的晋国未来的执政者。但是，以他的叔父智果为首的族人反对他，认为他有才无德，把国家权力交给他，一定会出大乱子、大问题。但是，智伯最后还是成为了晋国正卿。事已如此，以智果为首的族人为了避祸，向太史申请另立一族，改姓辅。智伯上任后，其无德无行的本性暴露出来，朝廷上下怨声载道。结果，晋国周边韩赵魏三国联手，瓜分了晋国，杀了智伯，还夷灭智伯九族，只有改姓的辅国一脉得以幸免。

这是历史上非常有名的"三家分晋"的故事，《资治通鉴》正是从这一年开始写起。司马光评论说：这样的结局，是智伯才有余而德不足造成的。

司马光的这一评价代表了中国文化对德才关系的价值取向，就是始终把"道德价值"放在首位。有三个非常形象的比喻：一是"德主才奴"说，德是才的主人，才是德的奴仆，才要服务于德。主善则奴善，主恶则奴恶，有什么样的主人，就会有什么样的仆人；二是"德帅才资"说，德是核心、统帅，才只是资用，德有善恶之分，才无好坏之别，没有德行，越有才能，祸患越大；三是"德根才枝"说，德行就像树根，才能则是枝叶，只有根深才能叶茂，根基不牢，枝叶就摇摆不定。这些比喻，无一例外都强调了德行的重要性。

中国传统教育也把德行放在首位，知识灌输反而次之，正如《三字经》所言，"首孝悌，次见闻"。"立德、立功、立言"，把立德放在立功、立言之首。"人无德不立、官无德不为、国无德必衰"，汉代选拔官员的主要标准是"孝廉"，古往今来评价一个人的学问，也往往是讲"道德文章"——学问再大，文章再好，若德行不佳，也会被别人瞧不起。所以，以德为先成为中国人看人看事的出发点和归宿。今天，许多官员出问题，往往也都是出在了德行上，而能人贪腐，带来的坏处更甚。德不厚者，不可为官，德不厚者，不可使民。因为如果没有德行而居高位，会把邪恶、不良风尚播撒给全社会；唯有仁德之人，才适合居于高位。

朱元璋在选拔任用官员时秉持"以德行为本，而文艺次之"的用人原则；康熙说过，"心术不善，纵有才学何用"；后人则用通俗的比喻对德才关系进行了形象的概括：德才兼备是贤人，有德无才是庸人，有才无德是小人，无才无德是恶人。

历史是一本教科书。古往今来，因才胜德导致身败名裂、身死家灭、族灭、国灭的事情，何止千千万万？在选拔任用官员时，只重其才、唯才是举、唯才是用，这样的价值标准并不十分合适。中央组织部发布的《关于加强对干部德的考核意见》，对明确考核干部德的基本要求，改进和完善干部德的考核方法，充分运用干部德的考核结果都做了明确规定。选拔任用干部，还是要任人唯贤，讲究德才兼备，以德为先。要建立科学有效的选人用人机制，形成正确的选人用人导向；此外，还要将官德纳入官员考评之中，建立、健全一套符合实际、切实可行的道德考核指标体系。领导干部要把道德修养作为人生的必修课，用道德的力量感染人心、鼓舞人心。

第三讲
勤俭持家且戒奢　良好家风代代盛

　　勤俭是我们的传家宝，任何时候都不能丢。习近平总书记高度重视"厉行节约、反对浪费"社会风尚的养成。早在2013年初，习近平总书记就强调"浪费之风务必狠刹"，他指出："要坚持勤俭办一切事业，坚决反对讲排场比阔气，坚决抵制享乐主义和奢靡之风。"① 要大力弘扬中华民族勤俭节约的优秀传统，大力宣传节约光荣、浪费可耻的思想观念，努力使厉行节约、反对浪费在全社会蔚然成风。2020年，习近平总书记就制止餐饮浪费行为作出重要指示，指出餐饮浪费现象触目惊心、令人痛心，强调切实培养节约习惯，在全社会营造浪费可耻、节约光荣的氛围。由此，"光盘行动"应运而生，其宗旨就是餐厅不多点、食堂不多打、厨房不多做，提醒与告诫人们，饥饿距离我们并不遥远，即便时至今日，珍惜粮食，节约粮食仍是全社会需要遵守的传统美德之一。节约粮食要从娃娃抓起，要严格家教，让每个孩子在成长的过程中，知道粮食生产之不易，知道劳动艰辛、爱护自然，知道珍惜粮食、回馈自然，养成勤俭持家、戒奢戒贪的良好家教家风。

---

① 中共中央文献研究室编：《厉行节约反对浪费——重要论述摘编》，中央文献出版社2013年版，第55页。

我国古代流传的大量家书家训里，勤俭持家是重要内容。如司马光在《训俭示康》中表示，节俭是各种好的品德共有的特点，奢侈是最大的恶行。

司马光（1019—1086年），字君实，号迂叟，北宋史学家、文学家，历仕仁宗、英宗、神宗、哲宗四朝，卒赠太师、温国公，谥文正，主持编纂了中国历史上第一部编年体通史《资治通鉴》。他为人温良谦恭、刚正不阿，其人格堪称儒学教化下的典范，历来受人景仰。司马光曾作《训俭示康》告诫其子司马康要以俭为美、清正自守，不可追求奢靡生活。父爱如山，深沉厚重，其言谆谆，其情切切。司马光一生清廉节俭，正道直行，严于律己，及于家人。他为什么要写《训俭示康》呢？

司马光生活的年代，社会风俗习惯日益变得奢侈腐化，人们竞相讲排场、比阔气，奢侈之风盛行。为使子孙后代避免蒙受不良社会风气的影响和侵蚀，司马光特意为儿子司马康撰写了《训俭示康》家训，以教育儿子及后代继承发扬俭朴的家风，永不奢侈腐化。在《训俭示康》中，司马光先写自己年轻时不喜华靡，注重节俭，现身说法，语语真切。接着写近世风俗趋向奢侈靡费，讲究排场，与宋初大不相同，复举李文靖、鲁宗道、张文节三人的节俭言行加以赞扬，指出大贤的节俭有其深谋远虑，而非侈靡的庸人所能及。进而引用春秋时御孙的话，从理论上说明"俭"和"侈"所导致的必然后果，使文章更深入一层。最后连举6名古人和本朝人的事例，又以正反两面事实为据进行对比，说明了一个深刻的道理：俭能立名，侈必自败。末尾以"训词"作结，点明题旨。全文说理透辟、有理有据、旨深意远，反复运用对比，增强了文章的说服力。

在我们的社会渐变繁华的今天，司马光的《训俭示康》带给我们怎样的启示呢？

一是"俭，德之共也；侈，恶之大也"。在司马光看来，节俭不仅是生活态度，更是一种美德，奢侈也不只是陋习，更是一项罪恶。"俭，德之共也；侈，恶之大也。""侈则多欲，君子多欲则贪慕富贵，枉道速祸；小人多欲则多求妄用，败家丧身；是以居官必贿，居乡必盗。"奢侈会膨胀人的欲望，使居官位者腐化堕落，无权势者铤而走险。在文中，司马光精心选取6位古人及一名当朝者的成败荣辱事例，耐心细致加以点评。作为史学大家，他善以人为镜，以史为鉴，用深邃的历史目光观照现实，指出尚俭崇廉是事业、人生的福祉，而奢侈纵欲则是败家、丧身的祸端。振聋发聩，令人深省。

优秀的品质总是如影随形，节俭往往会催生廉洁，而廉洁亦会提高威望。为官者把俭朴和廉洁的关系理清楚了，节欲戒奢、戒奢从俭、以俭养廉，也就掌握了"修身、齐家、治国、平天下"的法宝。因此古时官吏的升迁考核，常将能否"节俭"作为一项基本内容。

二是"由俭入奢易，由奢入俭难"。由节俭转入奢侈是容易的，由奢侈转入节俭就很难了。奢侈一旦成为习惯，要想纠正很费事，必须付出巨大的努力。习惯了好的日子，就再也不能适应艰苦的岁月。这种现象在经济学上叫"棘轮效应"，是指人的消费习惯形成之后有不可逆性，即易于向上调整，而难于向下调整。尤其是在短期内消费是不可逆的，其习惯效应较大。这种习惯效应，使消费取决于相对收入，即相对于自己过去的高峰收入，消费者易于随收入的提高增加消费，但不易于随收入降低而减少消费。

我们对欲望既不能禁止，也不能放纵，对过度的及至贪得无厌的奢求，必须加以节制。如果对自己的欲望不加限制，过度地放纵奢侈，没能培养俭朴的生活习惯，会使自古"富不过三代"的说法成为必然，必然会出现"君子多欲则贪慕富贵，枉道速祸；小人多欲则多求妄用，败家丧身；是以居官必贿，居乡必盗"的情况。

三是"成由勤俭败由奢"。勤俭使国家兴盛，奢侈使国家衰亡。春秋时期，戎王派使者由余去见秦穆公。秦穆公听说由余是个贤士，就向他请教说："我常常听人谈论圣人治国之道，但没亲眼见过。请问先生，古代君主使国家兴盛和灭亡的原因是什么？"由余回答道：

"臣尝闻之矣，常以俭得之，以奢失之。"意思是说：我曾经听说勤俭使国家兴盛，奢侈使国家衰亡。秦穆公听了，不高兴地说："我虚心向你请教兴盛之道，你怎么用'勤俭'二字来搪塞我呢？"由余说道："我听说，过去尧虽身为天下之主，却用瓦罐子吃饭、饮水，天下部落没有不服从他的。尧禅位于舜，舜开始讲究起来，用精雕细刻的木碗用餐，结果诸侯认为奢侈，国内有13个部落不服从他的号令。舜禅位于禹，禹则更加讲究了，制作了各式各样精美的器皿供自己享用，奢侈得更加厉害了。结果国内有33个部落不听从他的号令。以后的君主越来越奢侈，而不服从号令的部落也越来越多。所以我才说勤俭是兴盛之道，奢侈是败亡之源。"这一番话说得秦穆公连连点头称是。

此后，唐代诗人李商隐根据这个故事，写了一首《咏史》诗。诗的前两句是："历览前贤国与家，成由勤俭破由奢。"后来，"成由勤俭破由奢"演变为"成由勤俭败由奢"，并作为谚语流传下来，告诉人们，勤劳俭朴有助于事业的成功，贪图享受则会带来严重的恶果。

历史上无数事实反复证明：艰苦奋斗必得善果，骄奢淫逸必遭祸端。因此，司马光对物质生活的态度，令人感叹，他身居高位，却清正自守、克己奉公。人的物质观往往就是他的价值观，最能反映其人格境界和做事方向。司马光所处时期，经济繁荣、天下承平，士大夫们沉迷享乐，竞相以奢华为荣，而司马光独能保持头脑冷静，居安思危，此家训既是诫子，亦是表白自己不与世人同流的清慎品格。据《宋史·司马康传》载，司马康成年后，为人审慎俭素，为官清廉方正，"途之人见其容止，虽不识，皆知为司马氏子也"。可见，司马光言传身教，身体力行，后辈耳濡目染，潜移默化，皆有其节俭清廉之风。人皆爱其子，但相较于司马光的以俭为美，清白传家，有些人的教子观何其短视，只知为后辈积聚物质财富，却不知为其精神添加滋养。当下不少"官二代""富二代"鄙言陋行令人侧目，其中既有家庭教育缺失之因，亦是家长自身不正，难以作范。

如此即便纵有一时泼天富贵，又岂能恒长久远？

司马光的《训俭示康》虽为家训，然其蕴含的深刻道理，当超越一家一族之界限，成为天下人润养官德、砥砺修身的警世恒言。做人当以俭为本、以俭为美、以俭为上；为官要正世风、政风、民风，当先正家风！

朱柏庐（1627—1698年）原名朱用纯，字致一，自号柏庐，江苏昆山人，是明末清初著名理学家、教育家。朱柏庐少年时读书不辍，曾考取秀才，醉心于仕途。明朝灭亡后，便无心再求取功名，于是隐居家乡，以教授学生为业。他潜心治学，以程、朱理学为本，提倡知行并进，躬行实践。他能做到严于律己、宠辱不惊，对当时愿和他交往的官吏、豪绅等，不卑不亢，以礼自持。他与同乡顾炎武坚辞不应康熙朝的博学鸿儒科，后又多次拒绝地方官举荐的乡饮大宾，与徐枋、杨无咎号称"吴中三高士"。朱柏庐写《治家格言》的宗旨就是儒家思想的宗旨，这个宗旨就是修身齐家，主要告诫家人要勤俭持家，尊敬师长，和睦邻里，做好人、行好事。其中许多内容继承了中国传统文化的优秀特点，比如勤俭持家、周密谋划等，其中一些警句，如"一粥一饭，当思来处不易；半丝半缕，恒念物力维艰""宜未雨而绸缪，毋临渴而掘井"等，在今天仍然具有教育意义。

勤俭持家既是生活之道，养成好的生活方式和品性，又是生存之道，养成珍惜自然馈赠、珍惜劳动艰辛的正确生产观、消费观。我们在迈向建设社会主义现代化强国的新百年征程里，仍然需要艰苦朴素、勤俭节约的优良传统和作风。简单的生活才是健康的，节约的生存才是可持续的，我们是人口大国，人均资源不足，我们不会像早年殖民者那样去侵略世界，我们也不能像资本主义世界里那样奢侈地消费过活，我们要富足、简单、勤俭地地过好日子，为中华民族永续发展和构建人类命运共同体的美好世界，传递勤俭节约的风尚，传承勤俭持家的良好家风。

一、戒奢崇俭，弘扬民族道德

古人常讲，"俭以养德，奢以败德"，节俭与奢靡往往只在一念间。千百年来，中国人始终把"俭以养德"视为做人之基、立身之本，依靠俭朴的作风砥砺品德、崇德向善。孔子把"俭"和"温、良、恭、让"视为同样重要的"五种美德"之一，老子将"俭"视为为人处世的"三宝"之一，墨子指出"俭节则昌，淫佚则亡"，李商隐说"历览前贤国与家，成由勤俭败由奢"，司马光言"有德者皆由俭来"，朱元璋强调"金玉非宝，节俭乃宝"，虽经千年，对"俭"的强调一以贯之。

在清朝史料中，人们发现雍正皇帝对节俭十分重视。雍正五年（1727年），针对剩饭被"抛弃沟中，不知爱惜"的现象，他下圣旨强调"上天降生五谷，养育众生，人生赖以活命，就是一粒亦不可轻弃。即如尔等太监煮饭时，将米少下，宁使少有不足，切不可多煮……如有轻弃米谷者，无论首领、太监，重责四十大板。如尔等仍前纵容，经朕察出，将尔总管一体重责"。雍正皇帝的"光盘"圣旨，可以说是古人重视节俭的十分具体的例子了。可见，中华民族崇尚节俭的思想千古赓续、源远流长、深入人心。

二、勤俭持家，传承家庭美德

《尚书》有云："克勤于邦，克俭于家。"然而，随着物质生活一天天殷实，有人认为生活富裕了，若再一分钱掰作两半花，难免有违潮流、不合时宜了。显然，这种说法是站不住脚的。中国家庭历来讲究"勤俭传家久，诗书继世长"，如果家境殷实了，就大手大脚、竞相奢侈、乐当"土豪"，无论什么时候、处于何种社会环境，这种"败家行为"都是对家风的一种损害。

春秋时期，鲁国的季文子官居宰相，生活却十分俭朴。他的全家都不着绸缎，而只穿布衣；他家的骡马不喂粟米，而饲以青草。有人讥之为"吝啬"，季文子答道：我何尝不愿穿绸着缎、乘车骑马呢？可眼看着黎民百姓衣不蔽体、食不果腹，我心中不安啊。后来，季文子的家庭出了三世宰相，这与其简朴的家风传承是分不开的。

实践一再证明，优良的家风是一笔无价的财富，可以影响后世子孙的成长和为人处世的态度。于小家而言，勤俭是一个家庭的基础，也是推动社会文明进步的细胞。

三、俭以修身，严守个人私德

俗话说："天育物有时，地生财有限，而人之欲无极。"奢华的生活并非个人价值的体现，同样，节俭也并不意味着低品质的生活。越是条件好了，越要崇尚节俭，越要俭朴成习。

老一辈革命家和先烈们身上体现出来的"勤俭节约、艰苦朴素"，是我们必须传承的优良革命传统。抗日战争时期，陈嘉庚从蒋介石和毛泽东的饭局中选择了共产党，因为蒋介石请他吃的是800块一顿的大餐，而毛泽东请他吃的是自己种的小菜。正是共产党人的俭朴作风，让陈嘉庚看到了"滴水亦能成河"的巨大正能量。正如革命烈士方志敏在《清贫》一文中所言："清贫，洁白朴素的生活，正是我们革命者能够战胜许多困难的地方。"当年，美国记者斯诺在延安看到中共领导人简陋的生活条件和俭朴的生活方式后，由衷称赞这是存在于共产党人身上的"东方魔力"，并断言这种神奇力量便是"兴国之光"。勤俭节约、艰苦朴素，既体现着斗志昂扬的革命精神，也标定着崇德向善的时代坐标。

四、俭亦是廉，砥砺为官政德

骄纵生于奢侈，危亡起于细微。为官者一旦突破了俭朴平淡的生活防线，沉醉于灯红酒绿之中，工作能力和精神状态必然大大退化，思想作风和形象必然滑坡变异。党的十八大以来，从查处的一批批贪腐案件、一个个腐败分子看，莫不是如此。实践充分证明，少了节俭潮流就会多出奢靡之风，这不仅会腐蚀干部、损害官场，也危害公信、败坏风气。所以，要想做一个清官，首先要锤炼勤俭节约的高尚品德，做到俭以养德、以德铸廉。

清代康熙年间的于成龙是古人廉洁自律的楷模，他身居高位多年，直至去世时，属僚们为他清点遗物，看到的是"故衣破靴，外无长物"，只在一个竹箱里发现几件衣服，案头摆着一些饮食器皿、几罐盐豉。消息传出，百姓皆巷哭罢市，家家绘像祭祀。于成龙以其卓越的政绩、俭朴清廉的一生获得百姓爱戴，康熙帝以"天下廉吏第一"予以褒奖。

如果说廉洁和节俭是亲兄弟，那么，贪腐与奢靡浪费则是孪生子。毛泽东就曾告诫全党："贪污和浪费是极大的犯罪。"[①] 领导干部必须厉行节俭，因为"俭亦是廉"。

五、尚俭兴党，涵养党员公德

共产党人先进性的一个重要体现就是追求物质文明和精神文明相统一，始终引领时代发展潮流和社会文明步伐。崇尚勤俭不但是中华优秀传统文化的精髓，也是共产党人"什么时候都不能丢掉"的优良传统。

从小小红船到简朴窑洞，从艰苦卓绝的二万五千里长征到披荆斩棘的改革开放之路；从革命年代"红米饭南瓜汤"的乐观无畏，到建设时期"勤俭是个传家宝，千日打柴不能一日烧"的生动号召；从"两个务必"到中央八项规定、反"四风"，"艰苦奋斗、勤俭节约"始终是中国共产党坚持传承的强大精神力量。回顾历史、审视现实，一个执政党要长期执政，并赢得群众支持，任何时候过"苦

---

① 《毛泽东选集》第1卷，人民出版社1991年版，第134页。

日子"的作风都不能丢,任何情况下过"紧日子"的自觉都要增强,始终保持政治本色和为民初心。

六、以俭治国,厚植社会大德

《新唐书》曰:"奢靡之始,危亡之渐。"历代王朝更迭兴衰,大多没有摆脱这样一个规律,即勤俭兴邦、奢靡亡国,其兴也勃焉、其亡也忽焉。春秋战国时期,齐桓公、晋文公、秦穆公等都极力反对奢华、提倡勤俭,促使富国强兵、称雄列国;隋文帝、唐太宗、明太祖等开国明君,也都以勤俭治国,从而使国家富强、社会繁荣;明太祖朱元璋特别注重节俭,他说:"自古王者之兴未有不由于勤俭,其败亡未有不由于奢侈。"历代王朝之兴,莫不是如此。相反,秦、隋帝国二世而亡,皆因其残暴、贪腐、奢靡、享乐。西晋皇帝晋武帝生活豪奢,食费万钱,犹云无下箸(筷子)处,官员石崇与王恺斗富,暴殄天物,纸醉金迷,西晋短短50余年而亡国。历史和经验告诉我们,一个不能勤俭节约的国家,难以繁荣昌盛;一个不懂厉行节俭的社会,也难以长治久安。勤俭节约看似是小事,实质上却关乎国家前途和民族命运。

由俭入奢易,由奢入俭难。于国家而言,福祸常积于忽微,往往都是从小事、小节、小利开始沦陷。比如,"舌尖上的浪费""车轮上的腐败"等,无不归于"兴于勤俭,亡于奢靡"的历史轨迹。

俭,美德也;禁奢崇俭,美政也。于个人和家庭而言,节俭是一种生活态度;于民族而言,节俭是一种美德;于国家而言,节俭是夯实执政根基的基石。无论社会如何发展,我们都要牢记习近平总书记发出的"勤俭是我们的传家宝,什么时候都不能丢掉"[①]的殷殷告诫;无论时代如何变迁,都要始终不忘"足国之道,节用裕民",始终坚

---

① 中共中央党史和文献研究院编:《习近平关于注重家庭家教家风建设论述摘编》,中央文献出版社2021年版,第15页。

持勤字当头、俭字打底,始终做到勤俭传家、尚俭治国,使"俭以养德"的中国智慧、中国底蕴、中国风骨绽放更加耀眼的光芒。

七、为官重在俭,成由勤俭败由奢

不管是过去还是现在,"崇俭"思想都是我国极其重要的思想资源,更是中华民族宝贵的精神财富。翻开中国历史,我们可以看到很多"成由勤俭败由奢"的过往事例与经验教训,而这对当下的廉洁建设具有重要的启发、指导意义。

世路无如贪欲险,几人到此误平生。世上的路没有比贪欲更险恶的,多少人都是因此误国害己。战国时期,赵王宠臣郭开收受秦国贿赂,陷害名将李牧谋反,赵王不查真相,盲目决策,将李牧杀害,为秦国攻克赵国扫清了一大障碍。李牧被杀后,王翦率秦军乘机大败赵军,俘虏了赵王,就这样把赵国吞并了。齐国的败亡与赵国如出一辙。秦国用同样的方法贿赂齐宰相后胜,他力劝齐王不要出兵援助其他诸侯国,致使秦得以将其他诸侯国各个击破。秦兵不费吹灰之力而亡齐。齐人埋怨齐王听信后胜及其宾客谗言,致使齐国败亡,就编了一首歌谣:"悲耶,哀耶,亡建者胜也!"

这些亡国破家的事例,无不向我们揭示了贪欲可以将人引入万劫不复的深渊。

翻开史书,我们可以看到很多将过人的机智与俭朴谦逊的美德集于一身的人物形象,春秋后期的政治家、思想家晏婴可以说是清贫节俭最有代表性的人物之一。晏婴出身于齐国贵族,长期居于要职,在当时列国间享有很高的声望。他在个人生活方面一向清廉而俭朴,受到后人的高度赞扬。晏婴的父亲齐国大夫晏弱去世时,他并没有按照卿大夫隆重的丧礼仪式为其举行葬礼,为了矫正时弊,警醒世人,年轻的晏婴顶住流俗的压力,勇敢地对传统丧仪做了改革。他减少送葬遣车和祭祀牲品,清减繁琐的拜宾、送宾等仪式,在当时是非常为人所不解的。在晏婴看来,不过正则不足以矫枉,只有勇敢地打破陋习革新旧制，并用事实说明节俭的意义，才能彻底扫除弥漫在齐国上下的奢侈风气。

尽看前朝旧事，成功来自勤俭节约，而奢侈浪费最终会导致国破家亡。教育国人远离奢侈，勤劳朴素，家运国运将永久兴旺。

八、以俭养德，俭亦是廉

习近平总书记重提厉行勤俭节约，反对铺张浪费，是因为某些官员在大肆贪污受贿的同时，还在大肆挥霍浪费，奢靡浪费之风蔓延，以至于老百姓怨声载道、民怨沸腾。我们今天不需要再过"新三年旧三年，缝缝补补又三年"的苦日子、穷日子，但对于没必要的浪费是必须要杜绝的。我们要树立以艰苦奋斗为荣，以骄奢淫逸为耻的价值观，为官能做到廉洁俭朴，是一种幸福，更是一种大智慧。

解放战争时期，毛泽东、刘少奇、周恩来等领导人在西柏坡一间"世界上最小的作战室"里指挥了"三大战役"，因为用不起红蓝铅笔，作战参谋在地图上只能使用红毛线和蓝毛线来标注。国民党名将黄维在淮海战役中被俘，改造出狱后来到西柏坡，看到共产党领袖使用的是如此简陋的作战室时，感慨唏嘘，连呼："蒋先生当败！蒋先生当败！"蒋介石怎么能不败呢？共产党克己为民，其公心弥盖天下，已经盖住并熔化了敌人的营垒，连蒋介石派来的谈判代表邵力子、张治中都服而不归了。

优秀的品质总是如影随形。节俭必然会催生廉洁，而廉洁亦会提高威望。诸葛亮曾有一段传诵千年的名言："夫君子之行，静以养身，俭以养德。非淡泊无以明志，非宁静无以致远。"他把俭朴作为培养个人道德情操的重要手段，俭可以养德，俭可以助廉。廉洁和俭朴就像是一对孪生子，不可分离。

今天的优越条件是靠着艰苦奋斗、勤俭节约换来的，我们不能忘本。越是形势好的时候，我们越要有忧患意识，越要居安思危。

穷日子需要俭朴、廉洁，富日子同样需要俭朴、廉洁。为官者须当模范遵守党纪国法，清正廉洁，克忠职守，正确行使人民赋予的权力，始终保持职务行为的廉洁性。

九、为官者应于点滴小事中倡俭

如果说廉洁的对立面是贪腐，那么，俭朴的对立面就是奢靡浪费。朱元璋深深明白这个道理，并且于点滴小事中身体力行地践行俭朴节约的原则。朱元璋的故乡凤阳，至今还流传着四菜一汤的歌谣："皇帝请客，四菜一汤，萝卜韭菜，着实甜香；小葱豆腐，意义深长，一清二白，贪官心慌。"朱元璋给皇后过生日时，只用红萝卜、韭菜、青菜两碗和小葱豆腐汤来宴请众官员。且约法三章：今后不论谁摆宴席，只许四菜一汤，谁若违反，严惩不贷。《明史·后妃列传》中有云："骄纵生于奢侈，危亡起于细微。"那些官员们听了朱元璋的一番言辞，明白了他的用意，无不诚惶诚恐，不敢再大吃大喝。的确，为官者应注重细节小事，在细微处自律，不能因为事小而放纵自己，要牢记"勿以善小而不为，勿以恶小而为之"，在日常生活中随时约束自己，从细微处杜绝贪腐的因子。

历史告诉我们，一个国家想要繁荣昌盛，必须做到勤俭节约、艰苦奋斗；一个社会想要长治久安，必须做到勤俭节约、艰苦奋斗；一个民族想要繁荣昌盛，必须做到勤俭节约、艰苦奋斗；我们要实现中国梦就要从勤俭节约开始，从我做起，从现在做起，从身边做起，从小事做起，牢固树立节俭意识，把节俭精神落到实处。

治政廉为首，廉为政之本。清正廉洁，是中华优秀廉政文化的重要组成部分，也是历朝历代为官为政必备的素养。儒家思想把清廉看作为官的三大法宝之首。孟子说，取不义之财，就伤了自己为官的清廉；班固说，做官如果不能做到廉洁公平，国家就无法获得良治，受到伤害的就是老百姓。面对险恶的官场生态环境，每个官员面前有两种选择：是随波逐流、贪腐享乐，还是清廉自律、洁身自好。

不同的选择决定不同的人生道路。鲁国的高官公仪休嗜鱼却不受鱼，正是为了年年能吃到鱼；宋国的子罕以"不贪"为宝，晋大臣胡质以"清廉而畏人知"留下千古美名；诸葛亮在上呈皇帝的《自表后主》中，公开自己的家庭财产；包拯拒收皇帝贺礼，在朝廷开廉洁之风；清代张伯行力禁馈送，以为馈送之礼皆为民脂民膏、不义之财。这些能臣廉吏，尽管官阶高低不同，所处时代跨越数千年，但都有一个共同的特点：能够守住为人为官的道德和法律底线，不敢越雷池一步，真正做到了"仰不愧天，俯不愧地，内不愧心"。他们名留青史，赢得了老百姓的爱戴，成为千万官员廉洁为政的典范和楷模。

许多明君贤相在治国理政过程中，深知清廉为官对国家社稷的重要性，尽管身居高位，却能够时时居安思危，怀有深深的忧患意识，为国家的长治久安打下深厚的根基。这就是历史为我们揭示的铁律：为官者清廉，则国家兴盛，为官者贪腐，则国家败亡。

治理国家，表面上是管理老百姓，实际上是治理官员。可以说，吏治腐败是执政党最大的危机。吏治则国治，吏治则民安。解决了吏治腐败问题，才能解决民心向背的问题。党的十八大以来，中央加大反腐的力度、深度、广度，加强依法治国建设，目的就是要打造一个官员清正、政府清廉、政治清明的良好官场生态环境，建章立制，让官员不能贪、不敢贪、不愿贪。

"居官之所恃者，在廉；其所以能廉者，在俭。"廉洁和节俭是孪生子、亲兄弟，不可须臾分离。清廉的官员往往能自觉做到节俭，谁知盘中餐，粒粒皆辛苦，早已妇孺皆知、深入人心；一粥一饭，当思来之不易，是说节俭在持家治国中的重要性。明朝的徐榜在《宦游日记》里曾说节俭可以养德、可以养寿、可以养神、可以养气。司马光在家训中告诫儿子要崇尚节俭，不要追求奢靡；林则徐在去广州履任途中颁布"五不准"，身体力行，把节俭落到实处。

节俭不是吝啬小气，浪费也不是大方，当用则万金不惜，不当用则一文不费。

一个民族、一个国家、一个政党，如果没有艰苦奋斗、勤俭节约的精神作为支撑，就不可能自强自立、发展进步、兴旺发达，每一位官员都应把清廉节俭内化为自己的价值理念和行为习惯。

第四讲
孝悌和睦子孙孝　家庭幸福绵延长

孝悌之至，通于神明，光于四海，无所不通，我国流传于世的家训始终把孝悌和睦放在首位。在 2021 年 6 月 10 日国务院公布的第五批国家级非物质文化遗产名录中，规约习俗类里有四个"家训传统"赫然在榜，其中就包括了"德安义门陈家训传统"。在这本家训传统里，孝悌人伦被陈氏先祖摆在了家训的第一条。北宋天圣元年（1023 年），义门陈第十三任家长陈蕴创建了最早的养老院，孝为德之本深深地印刻在义门陈氏族人的心中，每逢清明、冬至，义门陈氏后人纷纷前往祖居地宗祠，点上祭奠的香火，向先祖祈求平安。

"治家之道，必从孝道始"，陈氏族人"以为族既庶矣，居既睦矣，当礼乐以固之，诗书以文之"（徐锴《陈氏书堂记》）。总结义门陈氏家族的历史，他们能够长期义居、久聚不散的最根本原因就是忠孝文化，这是稳定内部的决定因素。陈氏族人创立学堂，教化子孙，是陈氏家族治家方略中的基本理念，也是坚持陶冶族人道德情操的必由途径。通过教化传承，让家族每一个成员都能"大小知教，内外如一"，做到上下尊卑有序，和睦相处，齐心协力共建家族的繁荣。后来，随着生产力的发展及陈氏家族人口的快速增长，单靠"以治家之道为人伦之本，欲隆风教之原，必从孝悌始"的儒教伦理来维系家族内部团结是不够的，还必须辅治于法。唐大顺元年（公元890年），具有卓识远见的义门家长陈崇"恐将来昆云渐众，愚智不同，苟无敦睦之方"立家法三十三条，"推功任能、惩恶劝善"，以约束和规范家族成员的伦理及日常行为。家法从家政管理、子孙教育、农桑生产、婚疾吊丧、日常生活和物质分配以及刑杖处罚等方面都作了具体规定。从而保障了家族所有成员在经济上的"均等""和同"，以达到"人无间言而守义范"的长期聚居不分的目的。

陈氏家族能够从生活实际出发，制定家法，依法治家，充分显示了义门陈氏祖先的智慧和才能。义门陈家在其宗族人伦基础上实施"德法兼治、恩威并施"的治家方略，"始者，陈氏二百人而家法行，三百口而义门立"。到宋太宗至道初（公元995年），已是"宗族千余口，世守家法，孝谨不衰，闺（阁）门之内，肃于公府"（《宋史陈兢传》）。到北宋中叶，义门陈家已发展成为全国最大的、罕见的、富有特色的封建大家族。这个大家族简直就是一个独立的小社会，具有和国家相对应的各种功能，形成家国一体的社会模式。

义门陈的家风家训文化举世闻名。"义门陈"家法三十三条、家范十二则、家训十六条，被宋仁宗收入国史馆，赐王公大臣各一本，使知孝义之风。2015年中央纪委监察部官方网站头条推荐了"义门陈家法"，赞誉其"公""廉"之风。"义门陈家法三十三条"的创立者陈崇、"东佳书院"的创建者陈衮等六任家长，先后被载入《唐史》《宋史》等正史。

中国启蒙思想品德教育读本中居于首位的《弟子规》，在第一章《总叙》里写道："弟子规，圣人训。首孝悌，次谨信。泛爱众，而亲仁。有余力，则学文。"也就是说，作为子弟，首先要孝敬父母，友爱兄弟姐妹；其次是谨言慎行，信守承诺；然后推及博爱大众，亲近有仁德的人；以上这些都做好了，如果有多余精力，就应该多读书、多学习。第二章《入则孝》讲的是孝敬之道"父母呼，应勿缓。父母命，行勿懒。父母教，须敬听。父母责，须顺承"。也就是说：如果父母呼唤自己，应该及时应答，不要故意拖延迟缓；如果父母交代自己去做事情，应该立刻动身去做，不要故意拖延或推诿偷懒。父母教诲自己的时候，态度应该恭敬，并仔细聆听父母的话；父母批评和责备自己的时候，不管自己认为父母批评的是对是错，面对父母的批评都应该态度恭顺，不要当面顶撞。第三章《出则悌》讲的是兄弟之道"兄道友，弟道恭。兄弟睦，孝在中"。兄长要友爱弟妹，弟妹要恭敬兄长；兄弟姐妹能和睦相处，孝道就在其中了。

孝悌忠信是家族文化绵延千载的秘诀所在。"旧时王谢堂前燕，飞入寻常百姓家"，富贵荣华难以常保，曾经显赫的达官贵族，终会消逝于岁月长河之中；一个家族会衰败、没落，而良好的家风却会影响一代又一代的人。诗中的"谢"就是指魏晋南北朝时期的谢氏家族。当时，唯有谢氏与王氏能够比肩并称。谢氏家族出自姜姓，是炎帝后裔申伯的后代。殷商时期，其家族南迁，居于谢水，在公元前668年为楚所灭之后，改姓称"谢"。在世代的传承中，谢氏家族用优良的家风家训培养出了一代又一代的优秀儿女，成为人文荟萃、名家辈出的名门望族。诚如宋代文豪苏轼为谢氏族谱作序时所说，谢氏"将相公侯，文人学士，奕世蝉联，难更仆数。然而在国则彪炳汗青，在家谱则照耀谱乘"。《谢氏家训》是后世子孙生活的准则和行为指南，也是家族历经千余年兴盛不衰的主要因素。

《谢氏家训》原文以文言文写就，历经代代传承，辗转传世，为适应后人阅读习惯，由谢氏后人将文言体修正并改编为诗谣体以供后生修养之用。《谢氏家训》要言为：孝父母，友兄弟，敬长上，和邻里，安本业，明学术，尚勤俭，明趋向，慎婚嫁，勤祭扫，慎交友，重忍耐，戒溺爱，共包含十三个方面。

百善孝为先，谢氏家族崇尚以孝悌之精神治家，《谢氏家训》的第一条即为"孝父母"，诗谣体亦以"父母生养子女身，恩比山高比海深。为人子兮侍左右，宜思养教方成人。"这些言简意深、朗朗上口的语句将孝道放在了治家之道的首要位置。谢氏宗族中有很多舍身奉亲、悌于宗族的事例。谢几卿八岁因父亲获罪，需要和父亲分离，谢几卿不忍心辞别就跳河，后来被族人救起来，十几岁才能开口说话，父亲去世，他哀伤超过礼仪；谢蔺五岁的时候，每次父母还没有吃饭，乳母要谢蔺先吃饭，谢蔺说不饿，强迫喂食亦不吃，父亲去世守孝，昼夜痛哭，骨瘦如柴，母阮氏不得不劝告他节哀。《谢氏家训》倡导兄友弟恭，相互帮衬；同时强调对比自己年长的长辈要尊敬有礼，不可目无尊长，矜富贵，夸门第；邻里之间亦要出入相友，守望相助，不做势利相投，恃强凌弱之举。这些日常生活中的行为规范，无论何时何地，只要身体力行，便是对和谐社会的一份助益。

孝敬父母，恭顺长辈，和睦兄弟姐妹，长幼有序，是中华民族千百年来形成的良好家庭文化，是中华优秀传统文化的重要基因。中国特色社会主义文化，是马克思主义文化与中华优秀传统文化相结合的产物，建设富强民主文明和谐美丽的国家，追求自由平等公正法治的美好社会，培养爱国敬业诚信友善的一代代社会主义新人，离不开中华优秀传统文化的滋养。新时代尤其需要大力弘扬孝悌忠信和睦的家庭文化，让孝伦理的善充满家庭，让社会秩序充满友爱和顺的力量，让国家发展得更加文明和谐。

一、"教先从家始"

家庭教育中，除了品行教育、母教外，还有一项不可或缺，这就是孝道教育或感恩教育。家庭教育中如果没有孝道教育，后果将是不可想象的。一个人在家庭中如果没有孝心孝行，就根本谈不上修身修心正己立德。

（一）做人要尽孝

案例一

原谷是春秋时人。9岁时，其祖父已经年老不能耕作了，父母厌恶，商议将祖父丢弃荒郊野外。原谷听说后，跪在双亲面前求情，却遭到斥责。次日清晨，父亲命原谷抬箩，把祖父丢弃荒野。在路上，原谷抬着箩子走在前面，一边走一边不时回头望望祖父。风烛残年的祖父坐在箩子里，神情黯淡，表情呆滞，注视着频频回头的孙子。将祖父抬到荒野后，父亲命原谷抛掉箩子回家。原谷不仅没有抛掉箩子，反而把箩子紧紧地背在了身上。父亲不解地问："要这个破箩子干啥？"原谷一本正经地回答："等您年老了不能耕作时，我好用它把您也送到这里来。"

父亲听了当即怒道："小孩子，怎么能跟大人说这种话？"原谷反驳道："儿子应当听从父亲的教诲。您能这样对待祖父，我为什么就不能用同样的方法对待您呢？"

原谷的话使父亲大为震惊，继而羞愧难当。他跪倒在父亲面前哭求饶恕，带着愧疚将老人抬回家中，精心赡养，孝敬终身。

在市场经济条件下，如果利己主义盛行，孝道意识淡化，"家有一老如有一宝"更多就会是一种挂在嘴上的口号。在很多地方，老人不但不是一宝，反而被一些儿女视为莫大的包袱和累赘，视为一种"负担"，在经济上视为"负资产"，只有付出，没有回报。于是就有了以上令人心酸的现象。

（二）我们为什么要孝敬父母？

曾国藩说："读尽天下书，无非一个孝字。"可以说，所有爱心、善心、感恩心的根基就是孝。孝悌乃仁之本、"百善孝为先"。我们说，树从根脚起，水从源头来。普天之下，古往今来，人人都是爹妈所生，爹娘所养。父母把我们带到这个世界上来，把我们养育成人，非常不容易，我们只有依靠父母的养育，才能长大成人。山东曲阜的孔庙有《劝孝良言》："十月怀胎娘遭难，坐不稳来睡不安。儿在娘腹未分娩，肚内疼痛实可怜。一时临盆将儿产，娘命如到鬼门关。儿落地时娘落胆，好似钢刀刺心肝。把屎把尿勤洗换，脚不停来手不闲。每夜五更难合眼,娘睡湿处儿睡干。倘若疾病请医看,情愿替儿把病担。三年哺乳苦受遍,又愁疾病痘麻关。七岁八岁送学馆,教儿发愤读圣贤。衣帽鞋袜父母办,冬穿棉衣夏穿单。倘若逃学不发愤,先生打儿娘心酸。十七八岁订亲眷,四处挑选结姻缘。养儿养女一样看,女儿出嫁要妆奁。为儿为女把账欠,力出尽来汗流干。倘若出门娘挂念,梦魂都在儿身边。千辛万苦都尝遍,你看养儿难不难。"这是写给做儿女的我们看的。

如果我们生病了,父母忧心忡忡、寝食难安,夜不能寐,恨不得这个病长在自己身上,这就是《弟子规》里说的"身有伤,贻亲忧"。父母为了孩子能吃好喝好,宁愿自己节衣缩食;父母为了孩子能生活得好一些,不愿让孩子受委屈,自己废寝忘食地拼命工作;为了孩子的终身大事,多少父母操碎了心,熬白了头。这就是生我们养我们的父母,"谁言寸草心,报得三春晖""老母一百岁,常念八十儿""慈母爱子,非为报也""慈母望子,倚门倚闾"。养儿方知父母恩,可怜天下父母心。

(三)尽孝要及时

中国古代有非常多的典籍,如《孝经》《劝孝歌》《百孝经》《十跪父母恩》《父母恩重难报经》等,讲的都是孝道。今天,那些广为传诵的歌曲,如《烛光里的妈妈》《世上只有妈妈好》《母亲》《妈妈的吻》《我的老父亲》等,也是歌颂我们父母的。父母的养育之恩,比天高,比地厚,是无法用尺度来衡量的,是无法用金钱来计算的,是无法用语言来表达的。我们做儿女的,长大成人以后,孝养父母是天经地义的,是没有价钱可讲的。人不孝其亲,不如禽与兽。鲁迅先生曾说,不孝的人是世界上最可恶的人。所以,古代以孝治天下,有"大逆不道""十恶不赦"的说法。我们讲乌鸦有反哺之恩,羔羊有跪哺之德。没有小乌鸦的反哺,年老体衰的老乌鸦就会被饿死;羔羊跪着吃奶,是知道自己能长这么大,是妈妈的奶水一口一口喂大的,是为了感激妈妈的哺育之恩,作为人,难道还不如乌鸦、羔羊吗？没有父母，就没有我们今天；没有我们，父母也很难安度幸福的晚年。"人老我不敬，我老谁敬我"，所以，孝敬父母要当下尽孝。尽孝不能等，尽孝要及时。

《韩诗外传》卷九记载了这样一件事，孔子出行，听到有人哭得十分悲伤。孔子说："快赶车，快赶车，前面有贤人。"走近一看是皋鱼。身披粗布抱着镰刀，在道旁哭泣。孔子下车对皋鱼说："你家里莫非有丧事？什么哭得如此悲伤？"皋鱼回答说："我有三个过失：年少时为了求学，周游诸侯国，没有把照顾亲人放在首位，这是过失之一。为了我的理想，再加上为君主效力，没有很好地孝敬父母，这是过失之二。和朋友交情深厚却疏远了亲人，这是过失之三。昔日应侍奉父母时而我不在，犹如'树欲静而风不止'；今我欲供养父母而亲不在。逝者已矣，其情难忘，故感悲而哭。"后悔就来不及了。在我们的脚步一天比一天快的时候，父母的脚步却日益蹒跚。关爱父母是我们每一个人应尽的责任和义务。为人子，当尽孝。举几个历史上尽孝的故事。

案例二

李密原为蜀汉的官员，蜀汉灭亡之后，晋武帝听说了李密的才能和名声，便下旨征召他为太子洗马，但李密却拒绝了晋武帝的征召。李密在《陈情表》中写道，他自幼丧父，母亲改嫁，家中也没有什么别的叔叔伯伯，是祖母刘氏将他一手带大。李密小时候经常生病，祖母却始终尽心照顾他。如今，祖母已经96岁了，李密才44岁，李密认为自己为晋武帝尽忠尽节的时间还很长，但为祖母尽孝尽心的日子越来越少了。李密发自肺腑地说："我如果没有祖母，就不会有今天的成就；祖母如果没有我的照料，那么她便无法安稳度过余生。"字里行间透露着对祖母的真切情感，令人动容。读完李密的《陈情表》之后，晋武帝被他的拳拳孝心所感动，当即应允了李密的请求，还赐给了他两个婢女，和他一起照顾祖母；并吩咐李密家乡的官员，让他们给李密祖母提供一些帮助。一年多之后，祖母去世，李密悲痛欲绝，决定为祖母守孝三年。守孝结束之后，李密才答应了晋武帝的征召，出任太子洗马。而李密的《陈情表》也成为孝道的千古名篇流传后世。

李密不愿意看到"子欲养而亲不待"的悲剧，拒绝了晋武帝的征召，希望在有限的时间里伺候自己的祖母，尽尽自己的孝道，报答祖母当年的养育之恩。李密对自己年迈祖母的孝，让我们动容。所以苏东坡说：读《陈情表》，不哭者不孝。

案例三

陆绩的父亲陆康曾经担任过庐州太守一职，与袁术交情甚笃。六岁的时候，陆绩随父亲一起前往九江谒见袁术。袁术见到年纪尚小的陆绩便让人拿出一盘甜橘来给他吃，之后袁术便与陆康交流起来。

等到陆康离开的时候，陆绩弯腰行礼告辞，却没想到从自己的袖子中掉落出来两个橘子。看到这一幕的袁术开口问道："陆绩，你来到别人家里做客，怎么怀里还藏着主人家里的橘子呢？"陆绩回答说："这个橘子很甜，恰好我母亲喜欢吃甜的，所以我想带两个回去让她尝一尝。"袁术听完之后，感慨地说道："陆绩年纪这么小就知道孝敬母亲，长大之后必然会成才。"之后，袁术逢人便夸奖陆绩。

案例四

朱寿昌七岁时，他的生母刘氏被父亲的正妻所嫉妒，不得不改嫁他人，从此母子骨肉分离，50年未能相见。50年来，朱寿昌无时无刻不在思念自己的母亲，他每到一地为官，他都想方设法四处打听生母的踪迹。可是人海茫茫，要找一个失散几十年的人，无异于大海捞针，谈何容易。宋熙宁初年的某一天（熙宁，是北宋宋神宗的一个年号，时间是在1068—1077年，大约10年的时间。这个时期最有名的事件就是熙宁变法，也称王安石变法），他听说他的母亲可能流落在陕西一带，于是，决定辞掉官职去寻找母亲。临行时，他把自己的决定告诉了家人,并发誓说:"如果找不到母亲,我今生今世绝不再回家!"正所谓精诚所至,金石为开,历尽千辛万苦的朱寿昌,终于在同州(今陕西大荔县)寻找到了自己的母亲,当时的刘氏已经70多岁了。有人将朱寿昌弃官寻母的事上奏宋神宗赵顼,宋神宗得知朱寿昌事后,大加赞赏,并诏令朱寿昌官复原职。

不管是李密、陆绩还是朱寿昌,他们对孝道的表现虽然不尽相同,始终都是以"孝"为中心,无时无刻不在牵挂自己的父母。所以,对儿女来说,不管从事什么职业,不管工作多忙,都要及时尽孝,尽孝不能等,尽孝要及时,不要相信来日方长,不要相信自己必有衣锦还乡的那一天,可以从容尽孝。别忘了,人生苦短,岁月无情,岁月不饶人!世上有些东西可以弥补,还有些东西是无法弥补的,不要让"子欲养而亲不待"的遗憾发生在我们身上,一次生前的孝敬,胜过身后百次扫墓;清明烧万堆纸钱,不如在世时端一碗水、送一口饭。

二、传统孝道的理论及其表现形式

传统孝道的理论可以概括为五句话:居则致其敬,养则致其乐,病则致其忧,丧则致其哀,祭则致其严。前三句为生前,后两句为死后。

(一)先谈谈生前

从个人、家庭层面看,有六点。

一是"孝养"。这里的养,指的是物质上的赡养,也就是做儿女的要赡养、养活父母。曾子讲"孝有三:大孝尊亲,其次不辱,其下能养。"孟子说"不孝有三,无后为大",其中都包括了儿女养活不了父母就是不孝。所以,孝首先就是要养活父母。孟子讲得很直接:"仰足以事父母,俯足以畜妻子,乐岁终身饱,凶年免于死亡。"让 50 岁的老人能够穿上丝绸的衣服，让 70 岁的老人能够吃上肉。物质上满足不了父母的需要，空讲道德没有用。

二是"孝敬"。《论语》里讲孝顺、孝敬。这里的"敬"，不是物质上的，而是精神上、情感上的。儒家认为精神上、情感上、心灵上的慰藉和赡养要大于物质上的赡养。所以，当孔子的学生问老师什么叫孝时，孔子回答了"色难"的问题，回答了"不敬，何以别乎"的问题。就是说，我们不能只管父母的衣和食，还要问父母的冷和暖。对父母来讲，满足物质需要以后更重要的是精神上、情感上、心灵上的慰藉。他吃不了多少，也喝不了多少。儿女的一个电话、一个短信、一声问候，就能让他心里面暖十天半个月。所以，敬是一种天然的血缘亲情关系，是发自内心的，不是外在强加的。

孝敬父母不仅仅是吃穿，"大孝尊亲，其次不辱，其下能养"。让父母吃好穿好、吃饱穿暖，那是最低程度的孝。如果说孝养是物质生活上的保障，那么，孝敬则是精神心理情感上的满足，孟子称之为"养志"。

孔子的学生子夏问孝。孔子说：色难。什么叫色难？色难就是儿女对待父母的态度。孔子说：做儿女的，看见父母扫地干活，接过扫把来自己做了，有好吃的，就先拿给父母长辈吃了。一般人认为这就是孝，孔子则认为，这并不是孝，这只是赡养。

子游问孝，孔子说，现在的所谓孝，是说能赡养父母就行了；可是，犬和马也都被（我们）养着，如果对父母不尊敬，那么赡养父母和饲养犬马又怎么区别开来呢？这里所说的敬，是指一种难以割舍的血缘亲情，一种精神上的关爱。人到老年，尽管思想上成熟了，但精神上、心理上、感情上往往变得很脆弱，与衣食住行相比，他们更需要得到精神上情感上的抚慰和关爱，做子女的，不能"只管吃和穿，不问冷和暖"，要尊重父母的人格和尊严，要多和父母交流沟通，要常回家看看。要让父母能感受到天伦之乐，要让父母安享幸福的晚年。

在儒家那里，精神情感上的赡养要比物质上的满足更为重要。"孝之至，莫大于尊亲"。孟子把父母俱存看作是人生的三乐之一。《孟子·尽心》曰："君子有三乐，而王天下不与存焉。父母俱存，兄弟无故，一乐也。仰不愧于天，俯不怍于人，二乐也。得天下英才而教育之，三乐也。""君子三乐"，就是指君子的三种人生乐趣：父母都健在，兄弟也都没有什么灾病事故，从而得以躬行孝悌，这是第一乐；为人处世合乎道义，上不愧对于天，下不羞对于人，对得起自己的良心，因而获得内心的安宁，这是第二乐；第三乐是君子传道、育人所获得的快乐，即能得到天下的优秀人才并对他们进行教育，从而使君子之道遍传天下、造福社会。

三是"孝谏"。人非圣贤，孰能无过，人人都会犯错误。若父母有了过错，做儿女的就要规劝父母改正错误。如何规劝，大有学问。规劝父母，要和颜悦色，婉言相劝，不要指责父母，这就是孔子说的"事父母几谏"。这里的"几"就是委婉、婉转的意思。《弟子规》有言："亲有过，谏使更。怡吾色，柔吾声。"说的是如果父母亲有过错，要耐心劝说，让他们改正；规劝时要和颜悦色，说话要轻声细语。这是帮助父母及时改正自己的错误，做儿女的不要一味无条件地顺从父母，在这个问题上，《孝经》有很明确的表述。当曾子问孔子说是不是顺从父母就是孝时，孔子则回答说，当父母有错误时，做儿女的要规劝父母，不要把父母陷于不仁不义之中，一味地顺从父母，就谈不上是孝。这与后来统治者所强调的天下没有不是的父母，是完全不同的。

如果父母病了住院了怎么办？管还是不管？有一句俗语说，久病床前无孝子。今天的人，天天在医院里陪着父母，恐怕不现实，但对父母的关爱挂念心则一点也不能少，看看汉文帝刘恒，母亲曾经生病三年，汉文帝每晚几乎是"目不交睫"，尽心尽力地服侍母亲。每次母亲喝汤药时，自己都是先亲口尝尝，看看汤药苦不苦，烫不烫，自己觉得差不多了，才给母亲喝。后人为了纪念他的仁政以及他的孝道，把他列到了二十四孝中第二孝："亲尝汤药"是《孝经·天子章》讲的"天子之孝"的楷模，对后世影响巨大。

宋代陈侃的故事在后世广为流传。陈侃是浙江瑞安府永嘉县人，因事亲至孝，名遍四方。他侍奉双亲，温顺孝敬，从来不让父母心中有忧虑之念。偶遇父母有病，则衣不解带，日夜陪床服侍，亲自做汤熬药。二老逝去后，陈侃悲痛欲绝，真正做到了"事生尽力，事死尽思"的圣人垂训。他的孝行被整个家族引为典范。后代子孙人人效法，尊老爱幼，兄弟团结，夫妇和睦，妯娌相亲。以后陈氏家族五代同堂传为佳话，朝廷树坊旌表，赐额曰"孝门陈君"，百姓则称其为"陈孝门"。

还有一个问题，如果父母一方犯了罪怎么办？叶公对孔子说，我们那里有个坦白直率的人，他父亲偷了别人的羊，他去告发了他的父亲。孔子回答说，我们那里坦白直率的人和你们的不同：我们那里坦白直率的人是这样：父亲替儿子隐瞒，儿子替父亲隐瞒。从法律的视角看，叶公没有错，是维护法律的尊严，是大义灭亲；但从个人、家庭、亲情的视角看，孔子也是正确的，因为举报了父亲，家庭中就少了一个人，就是一个不完全的家庭了。这个问题，其实是一个亲情与法律之间的矛盾关系，是个两难选择题，不同的人一定会有不同的答案和结论。

我们看看孟子的做法。孟子的学生桃应提了一个问题，这个问题是个假设题：舜为天子，皋陶为法官，舜的父亲瞽叟杀了人，皋陶该怎么办？舜又该怎么办？皋陶不是执法严明吗，那皇帝的老子犯了罪他会怎么办呢？孟子回答说，皋陶是个执法严明的法官，把瞽叟抓起来就可以了。但是问题是，舜不但是天子，还是有名的大孝子，他能眼看着自己的父亲被抓而不管吗？这时候作为天子作为大孝子的舜究竟该怎么办呢？到这里，不同的人应该有不同的回答了。孟子的回答是什么呢，可以说是出人意料：他说，这时候，舜应该像扔掉一双臭鞋子一样把"天子"那顶官帽子扔掉，然后背起自己的父亲，逃到沿海的地方居住下来，陪伴父亲颐养天年，忘掉天下。假如这个问题让你来处理，你会怎么做？这是由假如父母有过错引申出来的几个问题，当然还可以引申出更多的问题，这里就不再展开了。

四是要知道父母的年龄。这一点也很重要。做儿女的知道父母的年龄，因为父母年龄大了，感到高兴，也因为父母年龄大了感到忧虑。因为人有生就有死，有始就有终。所以，儒家强调我们做儿女的要知道父母的生年。有一个调查，问孩子知道爸爸妈妈的生日吗？大部分都表示不知道。都是父母给儿女过生日，有几个儿女给父母过生日的？所以，知道自己父母的年龄和生日也是孝。

五是善待自己的身体和生命。《孝经》里就讲"身体发肤，受之父母"，我们做儿女的善待自己的身体，善待自己的生命，也是一种孝的表现。

六是兄弟姊妹要和睦。当然，今天的"80后"大都是独生子，似乎不存在这个问题。但在过去，兄弟姊妹三五个，兄弟姊妹之间要和睦相处。做哥哥的要爱护弟弟，做弟弟的要尊敬哥哥，这就是悌。孝是对父母，而悌则是对兄弟姊妹的，孝悌是仁之本。《弟子规》里说"兄道友，弟道恭，兄弟睦，孝在中"，兄弟和睦也是一种孝道的表现。

（二）再谈谈死后

做儿女的是否侍奉和孝养父母，不但生前很重要，死后也很重要。父母在世时，我们要孝敬赡养他们，这是天经地义的。父母死后的丧葬和祭祀也非常重要，不但要养老，还要送终。孔子曰："生，事之以礼，死，葬之以礼，祭之以礼"，孟子曰："养生者不足以当大事，惟送死可以当大事。""慎终追远，民德归厚"，我们这个民族，向来重视这样一个传统。我从哪里来？我们这个民族从哪里来？所以，每到一定的日子，我们会祭祀我们的先人。

春秋以来，古人就有清明扫墓祀祖的习俗。这一天，人们纷纷扶老携幼来到先人墓地，将酒、食、果品供奉于墓前，焚化纸钱进行祭拜。秦汉时期，祭扫坟墓的风气更盛。据《汉书》记载，大臣严延年即使离京千里，也要定期还乡祭扫墓地。在唐代，不论士人还是平民，都将寒食节扫墓视为返本追宗的礼节。唐代著名诗人白居易在《寒食野望吟》中，对祭祀的情景描绘得具体生动："风吹旷野纸钱飞，古墓累累春草绿。棠梨花映白杨树，尽是死生离别处。冥漠重泉哭不闻，萧萧暮雨人归去。"

从社会层面看，要尊老、敬老、爱老。这是把对父母之爱扩大到社会上的一切老人，把家庭人伦之爱延伸到社会，打破了"孝"的血亲关系的限制，"孝"不只是孝亲，也包括了对非血亲老人的孝顺，赋予了"孝"的普遍意义，如果说孝有大孝、小孝的话，对家庭父母的孝是小孝，老吾老以及人之老，则是大孝。这是一种民族精神，一种传统美德。每年的重阳节，已经成为尊老敬老的一个重要节日。

从国家层面看，要注意忠孝问题。常言道，忠孝不能两全。木兰从军能否算忠孝两全？《木兰辞》说，"昨夜见军帖，可汗大点兵，军书十二卷，卷卷有爷名"。木兰的父亲年事已高，上战场无异于自杀。于是木兰"东市买骏马，西市买鞍鞯，南市买辔头，北市买长鞭"。假以男子星夜启程，替父从军。既保全了自己的父亲，又为国家征战，可以说做到了忠孝两全。

宋代包拯28岁中进士后，在江西建昌做知县，但因父母年老体弱不能跟他到江西去，包拯便辞掉官职回家照顾父母。在古代，假如父母只有一个儿子，那么，儿子不能扔下父母不管，只顾自己在外做官，这是违背伦常的。父母为了自己儿子的前程，一般都会跟着儿子。但不知何故，包拯的父母没有跟随儿子，包拯没有贪恋官位，毅然回家奉养父母，直到几年后父母去世，他才重新踏入仕途。这就是著名的包拯辞官孝母。包拯再次为官后，刚正不阿、执法如山，为国家的长治久安立下了汗马功劳。包拯也是忠孝两全的榜样。

但是，讲忠孝，要明大义，顾大局，不能"愚忠""愚孝"。当君王昏庸，威胁国家利益时，则应该依照"道"来行事；当父亲无理，骄傲蛮横，影响家庭家族和睦，则应当依照"义"来行事。明末清初，著名的抗清英雄郑成功孤守台湾。他的父亲郑芝龙却投降清军，并多次写信给郑成功，劝他投降。面对这种忠孝难两全的情况，郑成功大义灭亲，拒绝了父亲的劝降，坚持抗清直到最后。

忠孝观不仅是世代传承的优秀思想，它同时也融入了我们的社会，对协调家庭关系，维护社会稳定，都有积极的促进作用。我们要继续弘扬这些中华民族的传统美德，把爱家和爱国统一起来，把实现个人梦、家庭梦融入国家梦、民族梦。如果每一个人都能秉持忠孝二字，做好自己分内之事，必将是中华民族伟大复兴与人类命运共同体建立的强大助力。

从自然生态层面看，泛爱天地万物。儒家把孝与爱不仅投射到社会层面上，更将其延伸到自然万物之中去，把人和自然之间本来冷冰冰的关系，注入了道德、伦理、情感的内容。孟子讲"亲亲而仁民，仁民而爱物"。我们把对父母的孝和爱，推广到社会上，然后再由社会推广到自然界的万事万物。董仲舒讲要"泛爱万物"，张载讲"民胞物与"。社会上的所有男女都是我的兄弟姊妹，自然界中的一切生命体都是我的朋友。我们不能随意伤害自然界的生命。因为，自然界的生命也是有尊严的，爱护他们实际上就是爱护我们人类自己。《礼记》有云："断一树，杀一兽，不以其时，非孝也。"你砍断一棵树，杀了一只野兽，如果不是按照时令、节令去做这些事情，那就是不孝的行为。

（三）不孝的种种表现

孟子曰："不孝有三，无后为大。"与此同时，孟子认为"不孝者五"即惰其四肢，不顾父母之养，孟子曾列举过战国时期"不孝"的一些具体表现，"世俗所谓不孝者五：惰其四肢，不顾父母之养，一不孝也；博弈好饮酒，不顾父母之养，二不孝也；好货财，私妻子，不顾父母之养，三不孝也；从耳目之欲，以为父母戮，四不孝也;好勇斗狠,以危父母,五不孝也"。两种"悖德""悖理"行为也是不孝。对那些"不爱其亲而爱他人者""不敬其亲而敬他人者",这是一种"悖德""悖理"的行为,如吴起杀妻求将、易牙烹子媚主即是。对这些人,一定要提高警觉性,因为他这样做,一定有个人私利、目的在里面。

1. 情与法的冲突

孔子曰:"父为子隐子为父隐。"桃应问孟子:"舜为天子,皋陶为士,瞽瞍杀人,则何如之?"孟子曰:"执之而已矣。"

《礼记·祭义》把孝分为三个层次,"孝有三,大孝尊亲,其次弗辱,其下能养",大孝使父母尊荣,其次不让父母蒙羞,最低限度要能供养父母。

要摒弃愚孝。《二十四孝》中有的孝就是典型的愚孝,如郯子"鹿乳奉亲"、郭巨"埋儿奉母"、老莱子"戏彩娱亲"、王祥"卧冰求鲤"等。

2. 历朝历代对不孝的行为有不同的惩罚办法

早在先秦时期就有"不孝"罪。《尚书·周书·康诰》中记载了周公对他的弟弟康叔说的一段话,大意是说,儿子不关心父亲的事,伤了父亲的心;父亲不爱怜自己的儿子,反而厌恶儿子;弟弟不顾天伦,不尊敬他的哥哥;哥哥也不顾念弟弟的痛苦,对弟弟极不友爱。父子兄弟之间竟然到了这种地步,如果不惩罚他们,社会的伦常就会混乱,要赶快用文王制定的刑罚,惩罚这些人,不要赦免他们。

《孝经·五刑》中说:"五刑之属三千,而罪莫大于不孝。"五刑是指墨刑——在额头上刻字涂墨;劓刑——割鼻子;荆刑(刖刑)——砍脚,有一个成语叫"踊贵履贱"。《晏子春秋》记载,齐景公在位时,刑法相当残酷,动辄把人的双脚砍掉。当时,社会上出现了一种职业,专门做假脚出售。有一天,齐景公想叫晏子换一换住所,对他说:"先生的住宅靠近市场,又狭小,又嘈杂,请换一个清静的住所吧。"晏子说:"这是先父住过的地方,我的功德远不及先父，这间住宅对我来说已经是够奢华的了。再说家近市场，早晚买东西方便，对我是很有利的。"齐景公笑着说："先生住在市场旁边，可知道最近物价的贵贱吗？""当然知道。"晏子答道。"那么，什么东西卖得贵，什么东西卖得贱呢？"晏子答道："假脚卖得贵且在天天涨价，鞋子卖得便宜且在天天跌价。"齐景公听了脸色大变，于是就不再滥用砍脚的酷刑了。一说是膑刑——砍膝盖（孙膑）；宫刑——毁坏生殖器（司马迁）；大辟——死刑。说的是，古代五刑所属的犯罪条例，有三千条之多，其中没有比不孝的罪行更大的。《周礼·地官·大司徒》所载，"以乡八刑纠万民，一曰不孝之刑，二曰不睦之刑，三曰不姻之刑，四曰不弟之刑，五曰不任之刑，六曰不恤之刑，七曰造言之刑，八曰乱民之刑"。这里的"八刑"，就是周代对八种犯罪行为所施加的刑罚，其中位列第一的就是"不孝之刑"。

有两个成语，大逆不道，十恶不赦，大逆不道中有"不孝"，"十恶"中也有"不孝"，对于不孝这种"大乱之道"，自古以来，都在惩处之列。

秦汉以降，国家开始立法，把这些"不孝"的行为具体化、法典化。哪些行为属于"不孝"呢？秦法律规定，杀害父母、谩骂、殴打长辈（包括父母、祖父母、继祖母、女主人）都属于"不孝"行为，凡是父母告子"不孝"罪成立，都要治以死罪，罪犯的妻、子都要受到连坐，且不能以爵位、金钱等赎免。如果60岁以上的老人控告子女不孝，官府必须立即受理，并要立即拘捕不孝之子。

以清代江南各个家族为例，各个家族在家规家法族法中对不孝做出了具体而详细的规定，大体可分为五种不同程度和类型的惩罚。

第一种是惩戒和警告，包括训斥和记过，这是最轻的，则以家法惩治。每个家族对族中不孝之人先给予惩戒和教导，对屡教不改的，再给予处罚，这表明家族期望不肖子孙能主动改过自新。同时也规定了惩治主体，亦是由内向外延伸，先是每个小家庭的家长，然后是族长，最后才是官府以国法惩处。

第二种是解除或部分解除与家族的关系。主要表现在三个方面。一是剥夺田产。二是"出族"和"革祭"。因为一个人一生下来就是大家族的一个成员，王家、李家、张家、陈家等，你的名字是能够在族谱中体现的，若是被断定为不孝，就会把你从族谱中除名，这就是"出族"，死后也不可能进入祠堂，这就是"革祭"。三是如果媳妇不孝顺，轻则责罚，重则送官；若屡教不改，可以休妻。对被休的女子而言，也是非常严厉的惩罚，因为被休的女子既不能入夫家祠堂和族谱，亦不能入娘家祠堂和族谱，成为"无根"之人。

第三种是刑罚。即通过武力等强制手段惩罚，如罚跪、锁禁、杖罚等。让不孝者跪在那里，听家长或族长训诫；锁禁类似于关禁闭；杖罚就是打板子，不孝打四十板，不悌打二十板。

第四种是处死。对大不孝者，不必押送官府，族长有权处死不孝者，或捆埋土中，或捆沉河内。

第五种是鸣官，即送交官府，依国法惩治。送官依律惩处是家族教育、惩罚都不能奏效后的无奈举措。

综上可见，虽清代江南各个家族对不孝的惩戒方式不尽相同，但共性就是宽猛相济、德法相依。首先对初犯者都秉承宽恕心态，期盼通过警告、教育等方式能改过自新；其次对屡教不改者则严惩不贷，或刑罚或处死或送官。

（四）传统孝道在今天面临的冲突和挑战

今天的孝道，面临着很多的社会问题。中国已经进入老龄社会，很多都是"三无"老人、失独老人、孤寡老人，丧失了工作与生活能力的老人。那么，如何去关爱他们、赡养他们？如何把《中华人民共和国老年人权益保障法》落到实处？是摆在我们大家面前的一个现实问题。

2000 年，中国 65 岁及以上人口比重为 7%。2018 年，中国 65 岁及以上人口比重达到 11.9%。中国人口年龄结构从成年型进入老年型，仅用了 18 年左右的时间。

在这个肉眼所见的趋势中，还有两个值得警惕的特征。一是越来越深度的老龄化，常常出现的情形是 60 岁左右的老年人成为主力军，在照顾 80 岁左右的老人。二是在快速老年化社会的时代变迁中，未富先老成为最可怕的恶性循环，尤其在不少"4+2+1"的家庭结构中，一对夫妻要在抚养 1 个小孩的同时照顾 4 个老人，经济压力确实不小，而自从放开二孩生育后，这种压力进一步加大。

孝子之事亲也，居则致其敬，养则致其乐，病则致其忧，丧则致其哀，祭则致其严。五者备矣，然后能事亲。事亲者，居上不骄，为下不乱，在丑不争。居上而骄则亡，为下而乱则刑，在丑而争则兵。三者不除，虽日用三牲之养，犹为不孝也。

——《孝经·纪孝行》

从一个人孝养父母到孝敬、孝谏父母，再到知道父母的年龄、关爱自己的身体和生命，兄弟姊妹要和睦相处，还要把对父母的爱推及到社会和宇宙万事万物，这就是儒家思想讲的大孝和大爱。当然，过去所讲的孝与今天的社会也存在着很多矛盾冲突的地方。如儒家讲"父母在，不远游"，今天讲"好男儿志在四方"，这是矛盾的；过去讲"身体发肤，受之父母，不敢毁伤"，今天我们主张遗体捐献，同样是矛盾的。所以，对过去具体的孝，我们不一定继承，但是抽象的孝，不管社会发展进步到什么程度，孝敬父母、孝敬老人、关爱老人，这是我们中华民族的传统美德，这一点我们永远都不能丢。

那么，当今社会如何行孝？儒家强调"知行合一"，我们不仅要知道什么是孝，更要知道如何去践行孝。

第一，从长远看，先要从娃娃抓起。中国古代的教育就是把孝道放在首位的。"首孝悌，次见闻"，德行、品行的培养是第一位的，如果再有其他的精力和时间，再去学习文化知识。一个人，如果他的品行不好，知识再多，又有什么用？孔子就是特别注重要把学生培养成有品德、有社会担当、心智健全，智仁勇的君子。中国的文化终其目的就是强调修身做人，朱熹讲"圣人千言万语，无非教人做人而已"。"为人不正，为官必邪"。一个好人未必是一个好官，但一个好官一定是一个好人。中国的目的教育是什么？不就是"立德树人"吗？所以，行孝要从孩子抓起，把孩子培养成为一个有品行、有德行的人。从现实来看，应该要在社会上养成一种尊老、敬老、孝老、爱老的社会风尚。现在，一些地方举办评选十大孝子、百名孝子、千名孝子等活动，就是这个目的。

第二，领导干部要以身作则，言传身教，而不是把孝停留在口头上。《大学》有云："上老老而民兴孝；上长长而民兴弟；上恤孤而民不倍。"在上位的人尊敬老人，老百姓就会孝顺自己的父母，在上位的人尊重长辈，老百姓就会尊重自己的兄长；在上位的人体恤救济孤儿，老百姓也会同样跟着去做。

当前，很多地方选拔任用干部已经把是否孝敬父母纳入考核范围，对不孝敬父母的干部不能提拔任用。在提拔干部时不仅要看其德、能、勤、绩等表现，还要看其孝敬父母的表现，不合格者将被一票否决。孝道是中华民族的传统美德，不管社会如何进步，社会文明如何发达，这种美德什么时候都不能丢。父母心安即是孝，反之就是不孝。

现在大多数老人并不一定要儿女做多么大的官、挣多么多的钱，更不需要吃什么山珍海味，最想要的就是家庭和睦、儿孙正派，有时间能常回家看看，一家人平平安安、健健康康。

1. 孝敬父母，领导干部要带头

孝在当今面临许多困境，面对庞大的银发浪潮，我们准备不足，老年人如何颐养天年，过上幸福安康有尊严的晚年？如何建立全面系统科学的养老保障制度体系，如何让《中华人民共和国老年人权益保障法》落到实处，是我们亟待解决的大问题。面对困难，我们除了要在全社会大力传承和弘扬中华民族传统孝道文化外，让全社会养成尊老敬老爱老的社会风尚，更为重要的是各级领导干部要以身作则，言传身教，而不是把孝停留在口头上。对一个社会来讲，官员是否讲孝，其示范作用更为重要。

作为儿女，一旦违法犯罪、锒铛入狱，再也没有机会为父母遮风避雨了，再也没有机会在父母床前嘘寒问暖了，再也没有机会为父母百年之后送终了。所以，做儿女的如果违法犯罪、锒铛入狱、身陷囹圄，沦为阶下囚，那就是对父母最大的不孝，就是一个不孝之子。

2. 如何尽孝？守身如玉，洁身自好，清廉为官、打牢修身做人的基础，夯实为官为政的根基

不去做超越道德、良知、人性、法律底线的事情，能够把持住自己，不越雷池一步，让父母以有我们这样的儿女感到骄傲，感到自豪。高压线不去触碰，红线不去超越，做人的底线要坚守，让父母高兴，让父母放心、宽心，别让父母担心、操心和揪心。让父母在邻里面前能够抬得起头、直得起腰、挪得动步。当我们做到了这一步，就是对父母最大的孝。让父母能够安享幸福的晚年，也是对父母的孝。

3. 不可回避的现实问题：农村养老问题

一方面，许多失能老人收入有限，一旦配偶和子女等不能提供照护，一些失能老人没有多余的钱去雇用保姆或小时工，结局可想而知，有些老人无奈，选择了自杀。另一方面，养老已经成为了一个全社会无法回避的问题，哪怕你现在还只是"后浪"。老有所养、老有所医是最基本的，还要向老有所为、老有所学、老有所乐更高的境界发展。

《中华人民共和国老年人权益保障法》明确规定，老年人养老以居家为基础，家庭成员应当尊重、关心和照料老年人。随着家庭结构从传统"单核"大家庭逐渐向"多核心"小家庭转变，以及农村青壮年劳动力离开土地，农村养老服务供给也从居家养老向社区服务和机构养老积极转型。

不少地方结合当地实际和新农村建设实践，发挥政府购买、农村集体、留守群体、老人协会、志愿者队伍的作用，探索出多样化的养老服务供给机制。河北邯郸部分地区由农村集体牵头，探索出留守老人集中居住、互帮互助的养老机制；江苏姜堰等部分农村地区依托老人协会组建服务志愿队，定期为留守老人提供上门服务；广东郁南敬老院采取公建民营的改革，实现政府和社会优势互补，很好地满足了当地农村老人的养老服务需求。百善孝为先。但是，孝不能光凭道德的倡议，要有法律的强制，还要有养老体系的充分支撑。

孝道是中华传统文化的一大特色，其受重视程度之高、影响社会之深、延续时间之久，为其他民族文化所罕见。善父母为孝，善兄弟为友。狭义的孝道指针对父母的道德行为，而广义的孝道则延及父母之外的长上之亲。孔门弟子有若说，孝悌是"为仁之本"，在诸多伦理道德中，孝道是最基本的。儒家认为，孝可以使人们之间互相亲爱。而相互亲爱的族群，道德底线明确，统治者易于驾驭。《论语》有云："其为人也孝悌，而好犯上者，鲜矣；不好犯上，而好作乱者，未之有也。"孝道总体上有利于社会和国家的安定。无论是国家危难，还是天下承平，统治者选择贤臣良将的路径大都是"求忠臣于孝子之门"。

孝道不因身份高低贵贱而有所差异，凡天下之人，同此一德。汉朝皇帝，自惠帝开始，都在其谥号前加上"孝"字，如孝惠帝、孝武帝之类。按照唐朝颜师古的说法，其原因便是"孝子善述父之志"。东汉时期，察举科目中有"孝廉"之目。历代皇帝都重视尊老、养老，都号称"以孝治天下"。皇帝常常亲授《孝经》，唐玄宗李隆基便亲自注解《孝经》。《二十五史》中，因"称孝"而名世、进身的官吏、学者、武将、乡绅不胜枚举。而在民间，孝已相沿成俗，到元代，郭居敬将前代著名的孝行故事加以精选，编成著名的《二十四孝》，后人又在此基础上插图，形成《二十四孝图》，对中国民间社会影响尤为深刻。

围绕孝道，中国传统的儒家伦理、礼仪规范和法律制度形成互为支撑的完整体系。如果说，礼制中的尊老、孝亲行为来自远古的民间习俗，来自儒家的道德推扬，那么相关法律条文则是硬性约束，不容有违，它是孝道实行的强制保障。今以汉唐时期法律中对"不孝"罪行的惩处为例来加以说明。

"不孝有三，无后为大"出自《孟子·离娄上》。《十三经注疏》中在"无后为大"下面有注云："于礼有不孝者三，事谓阿意曲从，陷亲不义，一不孝也；家贫亲老，不为禄仕，二不孝也；不娶无子，绝先祖祀，三不孝也。三者之中无后为大。"作为官员来说，对很多父母来说，"家有官，心难安"。唐代屯田郎崔玄驭云："儿子从宦者，有人来云贫乏不能存，此是好消息。若闻资源充足，衣马轻肥，此恶消息。"这段话的意思是，儿子在外做官，得知他贫困得无法生活，则是好消息；得知他财货充足，轻裘肥马，便是坏消息。"如其非理所得，此与盗贼何别？"如果不是合理得到的，这跟做盗贼有什么区别？某机关干部回老家探望父母，母亲说了一句令他刻骨铭心的话："妈不盼别的，只盼你能平平安安退休。"这位干部说他还不到40岁，母亲怎么就说退休的事呢？母亲说："儿啊，你没看电视说有好多当官的都犯了事儿，我是怕你把握不住呀！"这是官做得越大，让白发老母担心了！"儿行千里母担忧"，"为官莫让母担忧"。意思是说，当官在外，莫让自己的高堂父母担忧。这也就是《弟子规》说的"身有伤，贻亲忧；德有伤，贻亲羞"，因为自己的过错，让亲人蒙羞。

孝是私德，廉是公德。私德好，公德未必好；私德不好，公德一定谈不上好，即使好，也好不到哪里去。关爱老人，其实就是关爱我们自己。我们应大力提倡爱老、敬老、尊老、养老的优良传统，让我们的"敬老节"（农历九月九日）发扬光大。

儒家讲"父母在，不远游"，现代社会，生活节奏加快了，好男儿志在四方，"常回家看看"对很多老人来说，成为了一种奢望，甚至要把它纳入法律。人们孝敬父母，大多还停留在为父母买吃的穿的用的，以为有吃有喝就是孝敬父母了，或者请个保姆来替自己尽孝心。但儒家从来不这么看，孔子的学生曾子说得更具体，在《大戴礼记·曾子大孝》中，曾子说："孝有三：大孝尊亲，其次不辱，其下能养。"孝有三个层次，最高层次的孝顺，自己要事业有成，修德立身行道，扬名后世，让父母得到荣耀尊重，让别人也要敬重自己的父母，这就是《孝经》所说的："立身行道，扬名于后世，以显父母，孝之终也。"第二层次的孝顺是不让父母因为自己的过错而受侮辱，也就是孟子说的："孝之至，莫大于尊亲。"第三层次的孝顺是能够供养父母，满足父母的生活需要是最低层次的孝。看一个人孝不孝，不在于能否赡养父母，而在于他是否怀着尊敬之心赡养父母，让父母活得有尊严，孔子把精神赡养看作比物质赡养更为重要。

可见，孝敬父母不能仅停留在物质层面上，更重要的是精神的心理的层面。它的顺序应该是敬老、爱老、养老。有孝敬心了，和颜悦色的态度自然就会流露出来。自秦代后，"不孝"被定为十恶大罪之一，不肯抚养甚至辱骂殴打父母或祖父母者，都要受训官府严厉处治，甚至处以绞刑和腰斩。

三、今天如何尽孝

现代社会，孝可以通过多个方面来表达。

第一，过去讲父母在，不远游，现在社会变化了，儿女不可能长期守在父母身边，尽孝的方式，也必然会有所变化，譬如在父母生日的时候，打个电话表达一下做儿女的关心和挂念，有条件的，可以通过视频与父母聊聊天，这样彼此的心就贴近了，距离就缩短了。

第二，子女在外，不管从事什么工作，都不能做违法乱纪的事，要做到自强自尊自爱自立，不要让父母担心，反而让父母时时处处为子女的所作所为感到自豪和骄傲。在外犯罪，甚至自杀，就是一种不孝的行为。

第三，现在还有很多人都有兄弟姊妹，兄弟姊妹和睦，一家其乐融融，让父母在和谐的家庭气氛中生活，这也是尽孝。如果一家整天争吵，就谈不上幸福，当然也谈不上尽孝。孟子提出的三乐：第一是家庭和睦；第二是内心坦荡，俯仰无愧于天地；第三是教书育人。

时代变化了，尽孝的方式也要随之变化，但精神尽孝比物质尽孝更重要，这一点不能变。用今天的话说就是敬老、爱老、尊老、养老。传统孝道对当今的一个重要启示就是，孝强调的是付出、奉献。孝的表现如此，那么不孝的表现呢？如果一味顺从，见父母有过错而不劝说，使他们陷入不义，这是第一种不孝；家境贫穷，父母年老，自己却不去当官吃俸禄来供养父母，这是第二种不孝；不娶妻生子，断绝后代，这是第三种不孝。好吃懒做、好逸恶劳、饮酒作乐、贪得无厌、好勇斗狠，而不赡养父母，儒家把这看作是不孝的行为，而在各种罪行中，不孝敬父母是大罪。如果做儿女的犯了过失乃至贪赃枉法，就是对父母最大的不孝。

春秋时期，齐桓公有一个专门为他烹饪的厨师叫易牙。齐桓公久居宫中，山珍海味吃腻了，便对易牙说：我现在山珍海味都吃过了，就是有一样东西没吃过，就是蒸小孩肉，真想尝一尝啊。易牙为了满足主子齐桓公的欲望，便将自己年仅三岁儿子给蒸了，送给齐桓公吃，齐桓公认为他对自己忠心耿耿，于是提拔重用了易牙。后来齐国宰相管仲生病，齐桓公前去探望，并问管仲君将何以教我？管仲回答说，请您不要亲近易牙和竖刁这两个人。齐桓公说，易牙连自己的儿子都蒸了给我吃，我还不能信任他吗？管仲说，世上没有人不爱自己的儿子，易牙连自己的儿子尚且不爱，怎么会真的爱您呢。齐桓公不信管仲的话。后来，齐桓公病危，易牙果然拥立齐桓公的宠妾卫共姬的儿子作乱，闭塞宫门，齐桓公被活活气死在病榻上。

为人子要讲孝道，孝是人伦道德的根基，把它延伸到社会组织中，就是忠。为人臣者要忠，古人往往忠、孝并称，诸葛亮的《出师表》和李密的《陈情表》，恰恰是一忠一孝，堪称千古典范之作，诸葛亮是忠的典范，李密是孝的楷模。故苏轼说：读《出师表》，不哭者不忠，读《陈情表》，不哭者不孝。

"百善孝为先"，即孝敬父母、长辈要在美德中占据首位，清代王永彬《围炉夜话》有云："常存仁孝心，则天下凡不可为者，皆不忍为，所以孝居百行之先；一起邪淫念，则生平极不欲为者，皆不难为，所以淫是万恶之首"，所以"士必以诗书为性命，人须从孝悌立根基"，诗书立业，孝悌做人。

"百善孝为先"与"百行孝为先"意思相近，二者可以通用，但是一般都讲"百善孝为先"。做某件事情是善行，善是从道德角度来评价，行是从具体事情来定义。

"百善孝为先"反映了中华民族极为重视孝的观念。《大学》云："为人子，止于孝。"做子女的，该努力尽到孝顺父母的义务。《中庸》云："亲亲为大。"最重要的是要孝敬自己的父母。《孝经》云："人之行，莫大于孝。孝莫大于严父。"人类的行为，没有比孝道更为重大的了。在孝道之中，没有比敬重父亲更重要的了。因此，立身行道的一切几乎都被看作是孝。要立身必须首先存身，即保全自己的身体，因为"身也者，父母之遗体也，行父母之遗体，敢不敬乎？"《孝经》云："身体发肤，受之父母，不敢毁伤，孝之始也。"

传统孝的观念不仅要求子女立身，而且在立身的基础上要立德、立言、立功，为的是保持家风淳朴，维护家道兴旺，为父母、为家庭取得荣誉，延续父母、家庭及家族的生命，光宗耀祖，这是传统孝道对子女在家庭伦理范围内的最高要求。

为何以孝为百善之先？"夫孝，德之本也，教之所由生也"（《孝经·开宗明义》），孝是一切德行的根本，也是教化产生的根源。没有孝，就没有根本，因为子女不孝敬父母，父母就不生养子女，就没有人类传承。为人子女当孝，为人父母当慈。父母养子女叫做"养"，抚养成人；子女养父母也叫做"养"，赡养终老。

"树欲静而风不止，子欲养而亲不待"，树想静静地待一会儿，可是风却让它不停地摇曳。当你想赡养双亲，可他们已等不及便过世了。从反面告诫孝子们，行孝道要及时，要趁着父母健在的时候，而不要等到父母去世的那一天。

为人子女有着天生的责任和使命，就是孝敬父母，"教以孝，所以敬天下之为人父者也"（《孝经·广至德》），君子教人行孝道，是让天下为父亲的人都能得到尊敬。"孝子之养老也，乐其心不违其志。乐其耳目，安其寝处，以其饮食忠养之，孝子之身终，终身也者，非终父母之身，终其身也"（《礼记·内则》），孝子为父母养老，让父母心情快乐，不违背父母意志；让父母快乐，休息起居安逸，提供饮食奉养父母，直到孝子生命结束。这里所说的终身，不是终父母之身，而是终孝子之身。

此外，"夫为人子者，出必告，反必面，所游必有常，所习必有业"（《礼记·曲礼》），做子女的，出门须禀告父母去处，回家要先面见父母，让父母放心，出游须事先确定路线，学习要确定专业。"事父母几谏，谏志不从，又敬不违，劳而不怨"（《论语·里仁》），侍奉父母，他们若有过失，要婉言劝告。话说清楚了，却没有被接纳，仍然尊敬他们，不要违逆对抗，继续操劳而不怨恨。"事亲有隐而无犯"（《礼记·檀弓》），遇双亲有不当之行为举止时，先隐恶，再委婉恭敬相劝，若再不修正时，要暗中弥补父母的过失，也不可无礼冒犯。《孝经·谏诤》："当不义，则子不可以不争于父，臣不可以不争于君。故当不义，则争之。从父之令，又焉得为孝乎？"只要是不义行为，不论他是父亲还是国君，都要进行谏诤。做儿子的如果一味地绝对服从父亲的命令，又怎么能算是孝子呢？

儒家文化对长辈的劝谏讲究的是和风细雨，润物无声，温柔敦厚，不要求急风暴雨似的劝谏方式。这种方式有时候被解读为愚孝，其实不然，这恰恰体现的是尊敬父母的思想。对待长辈不应当有顶撞、粗言相对，而应当委婉，即便是长辈有过失也应当婉言相劝，同时也不能因为他们不接纳自己的观点而违逆对抗，相反还得继续尊敬他们。

《古今家诫》有云："慈孝之心，人皆有之。"《尔雅》有云："善事父母为孝。"《新书·道术》有云："子爱利亲谓之孝。"《说文解字》有云："孝，善事父母者，从老省、从子，子承老也。""孝"是由"老"省去右下角的形体，和"子"组合而成的一个会意字。这是长幼尊卑的次序、礼节，也可视为子承老，儿子背着年老的父母，是直观的孝行。"孝"古文字形与"善事父母"之义相吻合，因而孝就是子女对父母的一种善行和美德，是晚辈处理与长辈关系时应具有的道德品质和必须遵守的行为规范。

道家阐述了孝的观念，"以敬孝易，以爱孝难；以爱孝易，以忘亲难；忘亲易，使亲忘我难；使亲忘我易，兼忘天下难；兼忘天下易，使天下兼忘我难"（《庄子·天运》），用敬来行孝容易，用爱来行孝难；用爱来行孝容易，使父母安适难；使父母安适容易，让父母不牵挂我难；让父母不牵挂我容易，使天下安适难；使天下安适容易，让天下忘我难。"事其亲者，不择地而安之，孝之至也"（《庄子·人间世》），侍奉自己的亲人，无论在什么地方均可以使亲人感觉安定，是孝顺的最高境界。

古人阐述了孝思的概念即孝亲之思。《孟子·万章上》引《诗经·大雅·下武》曰："永言孝思，孝思维则。"人能长言孝思而不忘，则孝亲之思可以为天下法则。"年余耳顺，而孝思弥笃"（《魏书·赵琰》），人到了一定年龄孝亲之思更加深厚。曾巩说："此盖伏遇皇帝陛下永怀先烈，务广孝思。"这里承蒙皇帝陛下永远缅怀先人，务必广泛实现孝亲之思的活动。

中华文化孝的观念不止孝顺父母，孝顺父母只是孝道的开始。孝还可以推广为对年长的人的尊敬和顺从，如媳妇对公婆的孝顺，对长辈亲戚，如姑、伯、舅、姨等的孝顺等。"弟子入则孝，出则弟"（《论语·学而》），年少之人，在家要孝顺父母，在外要尊长敬老。"显扬先祖，所以崇孝也"（《礼记·祭统》），能力行并发扬祖先之美德善行，以明示教导后代子孙，便是崇尚孝道。

由于家国同构、君父同伦，君为天下父，行孝道就是行"忠君之道"，正所谓"孝者，所以事君也"（《大学》）。小孝是敬顺父母，父母给你的生活方式若不听从即为不孝；大孝则是忠于统治者，对统治者个人意志制定的方针政策及政治体制若有所叛逆即为"不忠"，对统治者的"不忠"是灭门大罪，株连九族，父母兄弟妻儿子女都要共赴黄泉，此为最大不孝。所以说"孝"的范围比忠大，不仅对父母而言，更重要的是对君父的忠，可见"忠""孝"是统一并不矛盾的，为君父利益服务是其共同点。"孝"就是这样完成从人伦感情出发达到其钳制人民思想和行为的政治目的的。

中国古代统治者选择"孝"作为主流价值观。所以历代君王施政都提倡"以孝治天下"（《孝经·孝治》）。春秋战国儒家便提倡实行"仁政"，主张"七十者衣帛食肉，黎民不饥不寒，然而不王者，未之有也"（《孟子·梁惠王上》）；汉以孝治国，许多皇帝都以孝为名，像孝武帝、孝平帝、孝灵帝。汉"察举制"便注重"孝廉"，"九品中正制"也有"孝廉"要求，"忠孝"与"孝廉"作为中国政治范畴的重要内涵一直传承着，直到今天依然称官员为"父母官"。这也是孝文化稳定社会的政治意义。

孝是道德的根本，一切教化都从此产生。执政者无不把"孝"作为立国之本，作为驯化子民的第一课大肆宣扬，培养了一代代对"父母官"顺与忠的奴才，甚至作为选拔官吏的标准之一：孝廉。

然而，孝道作为中国文化的核心观念，本身具有二重性，即精华与糟粕并存，应注意其消极性和时代局限性，如"忠孝合一，移孝作忠"，宣扬"忠者，其孝之本与"的观念，使孝道成为维护封建专制统治的思想道德工具；"无违"，孝道思想中"不顺乎其亲，不可以为子"的观念，渗透着人与人的不平等；"父子相隐"，强调"家庭本位"，宗法亲情被看作最高价值，因而古代法律在很大程度上向宗法伦理倾斜。当父子家人有人犯罪，道德和法律都鼓励或默许相互隐瞒和庇护，所谓"亲亲得相隐""厚葬久丧""事死如事生"和"三年守丧"丧葬理论，不排除对死者的敬重，但也有炫富、攀比心态，既浪费资源，也不近情理；还有"孝感"与愚孝观念，随着中国人生育观、婚嫁观和乡土观的转变，还有一些道德要求已显迂腐和落后，已不适应当前社会要求。

孝道文化是中华优秀传统文化的基础，是宝贵的精神财富，小到影响家庭和睦，大到影响社会稳定。

臣民能够用孝立身理家，君主可以用孝治理国家。被记入《二十四孝》的汉文帝刘恒是一位孝顺母亲的仁孝之君，母亲卧病三年，他常常衣不解带，倾心伺候，还亲尝汤药，才放心让母亲服用。他由对亲人的孝与爱，又延伸到对百姓的爱，同时也影响了百官，百官以他为榜样，使西汉社会发展兴旺。

领导干部讲孝道，不仅对自己的长辈尊敬，而且对人民群众会自发地敬畏；不仅对长辈表达关爱，而且对普通百姓也会倍加爱护。从这个意义上说，孝道是治理家庭、管理社会的基础秩序。

领导干部要带头讲孝道，也是牢记宗旨，提升修养，积德乐善，弘扬社会正能量的具体体现。试想，一个连长辈、父母都不孝顺的人，如何做到如习近平总书记所说的"关心国家，关心人民，关心世界，学会担当社会责任"？讲孝道，群众赞许，形象树立起来，领导干部在群众中的威信自然就大大提高，社会影响力也会大幅度提升。同时也就能有力推动形成热爱国家、相亲相爱、向上向善、共建共享的社会家庭新风尚。

作为一名拥有一定权力的领导干部，除了要在社会上积极推广孝道外，还应该要把持住自己，把持住自己为官的道德底线与法律底线。

1. 为官要清廉

清廉就是不要贪赃枉法、徇私舞弊、中饱私囊、以权谋私、损公肥私、知法犯法，而应该要严于律己、洁身自好。那些清廉的官员，或许是吃亏了，但吃亏是暂时的，平安幸福却是一辈子。那些"风光"的官员，风光是一阵子，却是后悔一辈子，不但自己后悔，还会祸及儿孙。历史上，像包拯、于谦、胡守安、海瑞、叶存仁、林则徐等，都是治官事不营私家，在公家不言获利，不敢妄举一文钱。官清赢得梦魂安，为官清廉，晚上睡觉都踏实。宦海归来两袖空，不利用自己的职权大肆地贪污，中饱私囊。这就是为什么老百姓信任他们，老百姓歌颂他们，爱戴他们。

像诸葛亮，他不但自己非常清廉，而且对儿女严格要求，在临终前，他告诉皇帝我做官多年家里没有任何值钱的东西，仅有一点房产、田地，我死后，也不要再给我的孩子们太多财富。那么，他要留给儿女们的是什么呢？是一种品德、一种习惯。林则徐讲："子孙若如我，留钱做什么？贤而多财，则损其智。儿孙不如我，留钱做什么？愚而多财，益增其过。"如果儿子是一个浪荡公子，你给他钱财不是加快他的灭亡吗？

在中国历史上，哪一个朝代的灭亡不是因为贪腐？这是一个历史规律，就像太阳东升西落一样，没有哪一个朝代能够摆脱这样的历史周期率。共产党在与国民党的较量中也充分体现了这一点。中国共产党在短短28年时间里赢得胜利，靠的是清廉，靠的是对腐败的零容忍，赢得了民心，赢得了老百姓的支持。蒋介石在自己的日记中写道，当时的国民党是"人心陷溺，人欲横流，道德沦亡，是非倒置"。所以国民党最后被人民所抛弃，丧失了天下，这就是历史规律。作为国家各级部门的管理者、执政者，我们一定要把持住自己、洁身自好、守身如玉，做一个清廉的、不让父母为我们提心吊胆的官员，这就是尽孝了。

2. 正人先正己

正己，就是把自己管好，己身不正，何以正人？孔子的学生季康子问，对待老百姓，如杀无道，以就有道，怎么样？孔子说你为政为什么要用杀呢？你做得好了，你底下的人不就会跟着你一样变好吗？君子之德风，小人之德草。你是风，你底下的人是草，风向哪里刮，草就向哪里倒。你是水的源头，源头是清澈的，流就是清澈的，源头就浑浊不堪，流自然也就会浑浊不堪。上梁正，下梁正；上梁不正，下梁必歪。欲圣人者，必先自圣。正己就是你要求别人不做的，自己先不要去做；要求底下的人做到的，自己首先要做到。

为什么现在很多老百姓看了官员就感觉很不顺眼？如果你说一套做一套；台上一套，台下一套；人前一套、人后一套，老百姓能服你吗？肯定不服。我们讲孝道，也应该自己先做好，自己首先践行孝道。

3. 慎权

公务员手中的权力本质上是老百姓赋予的，很多人一旦拥有了权力，就想滥用权力。现在，腐败丛生、屡禁不止，很大程度上就是我们的公共权力没有受到制约，受到约束，受到监督。权力是一把双刃剑，用好了，它是一根人生的拐杖；滥用权力，它就是一把自杀的利刃。权力能让人高尚，也能让人堕落；能提升人，也可以毁灭人。很多官员出问题，就是因为滥用职权。权力如果不受到制约，受到监督，受到约束，它就会蠢蠢欲动，就会铤而走险，就会破门而出，就会不惜践踏一切法律，甚至不惜上断头台。所以，权力作为一个公共职权，不能把它作为个人的私人物品、私人财产，为所欲为，真正把权力关进制度的笼子里，让权力在阳光下运行。儒家讲的孝、德，更多的是在讲私德，但对制度、规范、法律这些公德讲得少，这是它不足的地方。好的制度能够抑制人性中丑恶的一面，能让坏人变成好人。反过来，不好的制度能让好人堕落成坏人。今天，我们强调要加强制度建设，扎紧制度的笼子是非常必要的。

当然，有了制度，关键还要落到实处。今天，我们面临的最大挑战和问题，不是制度不够健全，法律规范不够完善，而是制度、法律、规范落实到地方上时，就走形变样了。大家看到，从中央八项规定出台以来，受处分的官员都是触碰红线的人。所以，制度建设重在落实。我们要把制度规范内化于心、外化于行，成为自己的一种价值观。既然已经有了规定，就要按照规定的去做；规定不应该去做的，我们就不去触碰它，不要为此付出我们人生的代价。

4. 慎微

很多官员出问题，都是从细微末节、细微问题上开始的。"大必起于小""小洞不补，大洞吃苦""千里之堤，溃于蚁穴""针大的窟窿，斗大的风"。所以，对待细微的问题也一定要谨慎。唐代诗人杜荀鹤写过这样一首诗："泾溪石险人兢慎，终岁不闻倾覆人"，说的是在泾溪这个地方，风大浪急，过往的船只都非常的谨慎；"却是平流无石处，时时闻说有沉沦"，说的是在那风平浪静，水流平缓的地方，本来最不应该出问题的，恰恰时时听说有翻船的。所以，在一些平常的细枝末节的事情上也要谨慎。不要以为"做大事者，不拘小节"，往往是"小节不包，大节必失"，小节不去检点就会变成大失，小毛病变成大毛病，最后毁了自己。自己毁了，谁去给父母养老送终呢？这就是不孝。

5. 慎独

儒家讲"莫见乎隐，莫显乎微，故君子慎其独也"。越是在看不见的地方，越能够看出一个人品德的高尚，因为你做了好事没有人表扬，做了坏事也没有人批评。慎独就是在你能够做坏事而别人可能一点都不知道的情况下，你不去做坏事。很多官员都是在慎独方面出的问题，一着不慎，满盘皆输。在今天这种环境下，我们的领导干部更应该坚守"慎独"的原则。

6. 戒贪

道家给我们提供了很好的启示。庄子讲，我们人生非常短暂，百年人生天地间，若白驹过隙，忽然而已。在短暂的人生中，比财富更重要的是什么？是幸福、家庭、生命、健康、亲情、友情。人生在世，难道就是为了追求身外之物吗？庄子告诫我们，不要去追求生命中原本就不应该属于我们的那些东西。追求财富没有错，关键是该怎么去追求。所以，我们追求财富，但不要去追求那些不义之财。什么是不义之财？古人讲，不义之财是上天设下的陷阱，它是毒酒毒肉，吃了喝了可以暂时充饥解渴，但随后死亡即至。面对贪欲，老子告诫我们说"富贵难求，知足常乐"。只有知足，才能够感到幸福和快乐。对那些懂得知足的人来说，贫贱也是快乐的；对那些不懂得知足的人来说，就是拥有天下的财富，也不会感到快乐。道家讲知足常乐，就是告诫我们要学会放下。只有学会放下，才能够走得更远；只有放下了，才能够享受人间的幸福和快乐。道家时常让我们思考人生之得和人生之失问题。如果一味地强调得，就可能失去一切。有失才有得，有舍才有得。如果有了欲望，而不知道停止，仍然贪得无厌；已经拥有了很多，仍不知道满足，那可能就会失去过去所正常拥有的一切，比如家庭、财富、自由乃至生命。所以，道家的教诲，我们要去汲取。

儒家也告诫我们，不要放纵自己的贪欲，傲不可挡，欲不可遏，志不可满，乐不可极，乐极就要生悲。不要以为有了权力以后，就可以做一切事情，什么事都能办，那样非把事情搞坏不可。所以，有了权力以后，应该要保持一颗平常心，因为你本来就是平常人。另外，还要有一颗敬畏的心。敬畏之心，人皆有之。正所谓君子有三怕：怕天命、怕大人、怕圣人之言。所以，不能什么都不怕，不能想怎么样就怎么样，无法无天。你做了，总有被人知道的那一天。

所以，我们的传统文化就告诫那些拥有公共职权的官员，心不要贪。"贪如火，不遏则自焚；欲如水，不遏则自溺""贪欲无度，牢狱自度""高飞的鸟死于贪，深潭的鱼亡于饵"。心不要贪，贪必起祸；手莫伸，伸手必被捉；天网恢恢，疏而不漏。一日有一善，三年天降之福；一日有一恶，三年天必降之祸。祸福不来，唯人自招；善恶之报，如影随形；不是不报，时候不到。金钱、权力、富贵人生、潇洒人生都没什么了不起，就像大海中的枯枝败叶一样，早晚要沉没。由官员到罪犯，一念之差，一步之遥。聪明的官员，是靠别人惨痛的教训来时时地警示自己；愚蠢的官员，却用自己沉重的代价来警醒别人。所以，为官为政几十年，平平安安最关键，平平淡淡平常心。戒贪戒色才能够保自己平安。为了家人，为了父母能颐养天年，能得以善始也善终，我们也一定要把持住自己。

孔子的学生子夏说"学而优则仕"，就像我们考上大学，当了公务员，进入官场一样。但是，别忘了后面还有一句"仕而优则学"。荀子也讲"学者非必为仕，而仕者必为学"。我们读书学习不一定是为了仕，但当了官以后必须要不断学习。要想让自己成为一名好官，就必须不断地读书，不断地学习，不断地充实提高自己。学以致用，学以养德。像孔子那样"活到老，学到老""发愤忘食，乐以忘忧，不知老之将至"。一寸光阴一寸金，寸金难买寸光阴。时间对任何人都是公平的，我们应该把读书作为一种习惯、一种常态、一种生活态度，每天读书，今天一小步，明天就是一大步。

第四讲 孝悌和睦子孙孝 家庭幸福绵延长

第五讲
礼乐伦理须谨守　家庭秩序稳且长

学习中华优秀传统文化，把古代流传下来的礼乐伦理文化中的积极内容运用到家庭家教家风建设中，是现实社会健康运行的需要。我们要抓好新时代礼乐伦理教育，传承中华民族优秀文化基因，重视家庭家教家风建设，形成"慈母手中线，游子身上衣。临行密密缝，意恐迟迟归。谁言寸草心，报得三春晖"的浓郁家庭情结，实现千千万万家庭幸福美满的生动局面，在社会上广泛出现尊老爱幼、贤妻良母、相夫教子、勤俭持家、天伦之乐、家和万事兴的乐融融、喜洋洋的幸福场景。

一、正家，而天下定矣

正家，就必须正夫妇关系，正家庭伦理秩序关系，正情正义，就是要正确理解"婚礼者，礼之本也"，就是要摆正"父父子子，兄兄弟弟，而家道正，正家而天下定矣"（《易传·彖传》），只有这样，才能保证家庭秩序的稳定，才能保持家庭幸福和睦的稳定久远。习近平总书记非常重视家庭中夫妇、孝敬、亲情关系的建设，反复强调要注重家庭、注重家教、注重家风，他结合中华优秀传统文化里的伦理礼乐和传统《母训》《女训》等内容进行了创造性转化阐述，强调妇女在家庭家教家风建设中的独特作用，为新时代礼乐伦理和稳定的家庭秩序建设指明了方向。

2013年10月31日，习近平总书记在同全国妇联新一届领导班子集体谈话时语重心长地说："我们要强调发挥好妇女在社会上的作用，也要强调发挥好妇女在这些方面的作用。这也十分重要，关系到家庭和睦，关系到社会和谐，关系到下一代健康成长。当然，男同志在家庭中也要发挥作用，但女同志有自己的优势。男同志在家里不能当'大爷'，不能回到家里就衣来伸手、饭来张口。我是能做一手好饭菜的，插队时练出的基本功。"① "广大妇女要自觉肩负起尊老爱幼、教育子女的责任，在家庭美德建设中发挥作用。"② "发挥妇女独特作用，推动社会主义核心价值观在家庭落地生根。我说过，家是最小国，国是千万家。做好家庭工作，发挥妇女在社会生活和家庭生活中的独特作用，发挥妇女在弘扬中华民族家庭美德、树立良好家风方面的独特作用，以小家庭的和谐共建大社会的和谐，形成家家幸福安康的生动局面，是党中央交给妇联组织的重要任务，也是妇联组织服务大局、服务妇女的重要着力点。"③

我国有悠久的历史文化底蕴，在尚道、修身、孝悌、仁义、交友、教化、礼乐、爱民、立节、因果、养生等很多方面都有丰富的典籍论述。关于婚姻家庭、伦理礼乐等方面，我们老祖宗给我们留下了许多好的传统规范，值得我们今人继承、传承创新和创造性地转化。《礼记》有云，"昏礼者，将合二姓之好，上以事宗庙，而下以继后世也。故君子重之。男女有别，而后夫妇有义；夫妇有义，

---

① 中共中央党史和文献研究院编：《习近平关于注重家庭家教家风建设论述摘编》，中央文献出版社2021年版，第9页。

② 中共中央党史和文献研究院编：《习近平关于注重家庭家教家风建设论述摘编》，中央文献出版社2021年版，第15页。

③ 中共中央党史和文献研究院编：《习近平关于注重家庭家教家风建设论述摘编》，中央文献出版社2021年版，第5页。

而后父子有亲；父子有亲，而后君臣有正。故曰，婚礼者，礼之本也"。这大意就是说，婚礼，是缔结两个不同姓氏的家族交好，对上来说，可以奉事宗庙祭祀祖先，对下来说，可以传宗接代、承继香火。所以君子十分重视婚礼。男女各有分工且各尽其职，夫妇之间才有道义；夫妇间的道义建立起来了，给后代做了榜样，然后父子才能亲爱和睦；父子之间有了亲爱，然后君臣才能各正本位。因此说，婚礼是礼的根本。《礼记》对朝觐、聘问、丧祭、饮酒、婚姻之礼等，都有详尽的规定说明，但却把婚礼摆在根本的位置，婚礼不仅明确了男女家庭职责分工之别，更为家庭的建立和存续构建了稳固的堤防。

我们构建好家庭的礼乐伦理，就是建设好的家庭关系，就是营造良好的社会关系氛围。礼乐，礼就是秩序，乐就是和谐。"礼者，天地之序也；乐者，天地之和也"（《礼记·乐记》）。很多人把礼简单地理解成一种等级制度，不同的等级有不同的标准，但是，我们应该看到规定礼，等级不是目标，只是实现目标的手段，秩序才是目标。人类形成了阶级社会，必然有等级的高下，不同等级、相同等级之间遵守什么样的秩序规则，就是礼。用"礼"来规定和提醒社会中的每一个人自己的等级身份应该遵守怎样的规则秩序，每个人都知道礼了，整个社会就有秩序。现代社会的种种规则，都内化到了人格里，根本感受不到"秩序"这个东西多可贵，而在上古时代是没有秩序可言的，构建秩序的方式分别有"宗教""法"和"礼"。礼这个东西在中国文化里是最根本的基因，就像宗教是西方根本的基因一样。所以，从这个意义上来讲，中国注重家庭家教家风，就是讲"礼"。"乐"就是不同的声音在一起能形成乐，需要和谐。天子和大臣在一起听乐，可以理解成一种仪式，也可以起到交流感情的作用，但归根结底是强调和谐。"乐"的过程，就是建立秩序，遵守秩序，融入秩序，按照旋律，不同的乐器发出不同的声音，还能和谐地融合到一起。家庭，就是懂"礼"讲"乐"，要知"礼"识"乐"，这就是最好的家教，这就能养成良好的家风。

伦理一词最早也见于《乐记》，"乐者，通伦理者也"。伦理有很多种解释，这里我们把它理解为一种自然法则，是有关人类关系，尤其是以婚姻和姻亲关系、家庭和家族关系为中心的自然法则。伦理与道德既有区别也有联系，道德是人类对于人类关系和行为的柔性规定，这种柔性规定是以伦理为大致范本的；但道德又不同于伦理这种自然法则，甚至经常与伦理相悖。伦理与法律也既有区别又有联系，法律则是人类对于人类关系和行为的刚性规定，这种刚性规定是以法理为基础原则的，而法理与伦理的关系则比道德与伦理的关系更远一点，所以"伦理"与"道德"一起出现的次数比较多。

关于"道德"，老子说："道可道，非常道。""道"并非指的是一条具体的道路，而是一个抽象出来的概念，譬如几何学上的"点，线，面"的概念，物理学上的"质点"的概念。那么"道德"就是指走路的德行，类似于约定俗成的交通秩序，引申为人在社会上为人处世的规则。而伦理与道德在内涵上是有一些共通之处的。伦，次序之谓也，"伦理"似乎便是指长幼尊卑的道理，如中国有"天地君亲师"的古训。伦理与道德都在一定程度上起到了调节社会成员之间相互关系的规则的作用。因此，强调家庭的伦理关系，总是传统些好、稳重些好，不宜随意变化改造创新，而是遵从习俗、涵养底蕴、传续亲情为最好。在这个意义上，我们创新性传承、创造性转化古代流传的各种各类《女训》《母训》，对做好家庭建设和抓好家教家风，也是有很好的借鉴作用。

东汉学者蔡邕，字伯喈，东汉陈留（今河南杞县）人。在其著的《女训》里说："心犹首面也，是以甚致饰焉。面一旦不修饰，则尘垢秽之；心一朝不思善，则邪恶入之。咸知饰其面，不修其心。夫面之不饰，愚者谓之丑；心之不修，贤者谓之恶。愚者谓之丑犹可，贤者谓之恶，将何容焉？故览照拭面，则思其心之洁也；傅脂则思其心之和也；加粉则思其心之鲜也；泽发则思其心之顺也；用栉则思其心之理也；立髻则思其心之正也；摄鬓则思其心之整也。"

大意是讲，心就像头和脸一样，需要认真修饰。脸一天不修饰，就会让尘垢弄脏；心一天不修善，就会窜入邪恶的念头。人们都知道修饰自己的面孔，却不知道修养自己的善心。脸面不修饰，愚人说他丑，心性不修炼，贤人说他恶。愚人说他丑，还可以接受；贤人说他恶，他哪里还有容身之地呢？所以你照镜子的时候，就要想到心是否圣洁；抹香脂时，就要想想自己的心是否平和；搽粉时，就要考虑你的心是否鲜洁干净；润泽头发时，就要考虑你的心是否安顺；用梳子梳头发时，就要考虑你的心是否有条有理；挽髻时，就要想到心是否与髻一样端正；束鬟时，就要考虑你的心是否与鬟发一样整齐。

  据史料记载，蔡邕有两个女儿，一位是西晋名臣羊祜的母亲，有一次丈夫前妻的孩子羊发和自己生的孩子羊承同时生病，为照顾羊发，不惜羊承因照顾不周而死。另一位是历史上著名的女文学家蔡文姬，她曾写作《胡笳十八拍》，才华受到曹操的赞赏。两个女儿德才兼备，是与蔡邕的教育分不开的。在《女训》中，蔡邕告诫女儿，面容的美丽固然很重要，但当修饰面容的时候，千万不要忘记了品德和学识的修养对女人来说更为重要，而女人对良好家庭关系的稳定和家教家风的养成，起着独特而不可代替的作用。

  铨四龄，母日授四子书数句；苦儿幼不能执笔，乃镂竹枝为丝，断之，诘屈作波磔点画，合而成字，抱铨坐膝上教之。既识，即拆去。日训十字，明日，令铨持竹丝合所识字，无误乃已。至六龄，始令执笔学书。先外祖家素不润，历年饥大凶，益窘乏。时铨及小奴衣服冠履，皆出于母。母工纂绣组织，凡所为女工，令小奴携于市，人辄争购之；以是铨及小奴无褴褛状。记母教铨时，组绣纺绩之具，毕置左右；膝置书，令铨坐膝下读之。母手任操作，口授句读，咿唔之声，与轧轧相间。儿怠，则少加夏楚，旋复持儿而泣曰："儿及此不学，我何以见汝父！"至，夜分寒甚，母坐于床，拥被覆双足，解衣以胸温儿背，共铨朗诵之；读倦，睡母怀，俄而母摇铨曰："可以醒矣！"铨张目视母面，泪方纵横落，铨亦泣。少间，复令读；鸡鸣，卧焉。诸姨尝谓母曰："妹一儿也，何苦乃尔！"对曰："子众，可矣；儿一，不肖，妹何托焉！"

——《母训》

  上述文字大意是说，我四岁的时候，母亲每天教我《四书》几句。因为我太小，不会拿笔，她就削竹枝成为细丝把它折断，弯成一撇一捺一点一画，拼成一个字，把我抱上膝盖教我认字。一个字认识了，就把它拆掉。每天教我十个字，第二天，叫我拿了竹丝拼成前一天认识的字，直到没有错误才停止。到我六岁时，母亲才叫我拿笔学写字。我外祖父家素来不富裕，经历了几年的灾荒，收成不好，生活格外窘迫。那时候我和年幼的仆役的衣服鞋帽，都是母亲亲手做的。母亲精于纺织刺绣，她所做的绣件、织成品，叫年幼的仆役带到市场上去卖，人们总是抢着要买。所以我和年幼仆役从来衣冠整洁，不破不烂。回忆我母亲教我的时候，刺绣和纺织的工具，全放在旁边，她膝上放着书，叫我坐在膝下小凳子上看着书读。母亲一边手里操作，一边嘴里教我一句句念。咿咿唔唔的读书声，夹着吱吱呀呀的织布声，交错在一起。我不起劲了，她就拿戒尺打我几下，打了我，又抱了我哭，说："儿啊，你这时候不肯学习，叫我怎么去见你爸！"到半夜里，很冷，母亲坐在床上，拉起被子盖住双脚，解开自己衣服用胸口的体温暖我的背，和我一起朗读；我读得倦了，就在母亲怀里睡着了。过了一会儿，母亲摇我，说："可以醒了！"我睁开眼，看见母亲脸上泪流满面，我也哭起来。歇一下，再叫我读；直到头遍鸡叫，才和我一同睡了，我的几位姨妈曾经对我母亲说："妹妹啊，你就这一个儿子，何苦要这样！"她回答说："儿子多倒好办了，只有一个儿子，将来不长进，我靠谁呢！"有这样的母亲，我们的家庭就会稳定久远，就会养成好的家教家风。这也是习近平总书记所讲的妇女在家庭建设中发挥独特作用的重要方面。

学习中华优秀传统文化，把古代流传下来的礼乐伦理知识中的积极成分运用到家庭家教家风建设中，是现实社会实际的迫切需要，是建设中国特色社会主义的迫切需要，是我们实现中华民族伟大复兴的迫切需要。习近平总书记深刻地指出："这几年，我反复强调要注重家庭、注重家教、注重家风，是因为我国社会主要矛盾发生了重大变化，家庭结构和生活方式也发生了新变化。过去大家的需求主要是吃饱穿暖，现在物质条件好了，人民群众热切期盼高质量的家庭生活和精神追求，希望子女能够接受更好的教育，老人能够得到更贴心的照料，等等。还要看到，当前城乡家庭规模日趋变小，家庭成员流动频繁，留守儿童、空巢家庭等现象日益突出。要积极回应人民群众对家庭建设的新期盼新需求，认真研究家庭领域出现的新情况新问题，把推进家庭工作作为一项长期任务抓实抓好。"[1]因此，我们要抓好新时代礼乐伦理教育，传承中华民族优秀文化基因，重视家庭，重视亲情，在社会上广泛出现尊老爱幼、贤妻良母、相夫教子、勤俭持家、天伦之乐、家和万事兴的乐融融、喜洋洋的幸福场景，形成"慈母手中线，游子身上衣。临行密密缝，意恐迟迟归。谁言寸草心，报得三春晖"的浓郁家庭情结，实现千千万万家庭幸福美满的生动局面。只有千家万户都好了，国家才能好，民族才能好，人类才能好！

二、母亲在家庭教育中的重要角色

母亲肩负着繁衍培养后代的责任，母亲是孩子的第一任老师，肩负着提高后代素质的使命，在家庭家教家风的塑造中发挥着举足轻重的作用。毫不夸张地说，母亲是一个家庭的核心，主导着一个家庭的道德风尚，主导着下一代的未来。

---

[1] 中共中央党史和文献研究院编：《习近平关于注重家庭家教家风建设论述摘编》，中央文献出版社2021年版，第5—6页。

家教门风的核心是母教。中国最重要的教育是母教。从一个孩子牙牙学语、蹒跚学步开始，就不断接受来自家庭的教育和熏陶，就不断潜移默化、耳濡目染地受到父母的影响。《三字经》上说，"玉不琢，不成器，人不学，不知义"。在每个家庭中，父母都要注重言传身教，身体力行，帮助孩子扣好人生的第一颗扣子，迈好人生的第一个台阶，走好人生的第一步。自古及今，父母严格教育子女的典型故事数不胜数，比如大家耳熟能详的孟母三迁、陶母退鱼、岳母刺字、画荻教子等。

《三字经》上说，"昔孟母，择邻处，子不学，断机杼"，为我们留下了一个"断机教子"的成语故事，与此相关的还有一个"孟母三迁"的成语故事，这两则家喻户晓、妇孺皆知的成语故事，告诉我们做人做事不能浅尝辄止、半途而废，要坚持不懈、持之以恒；还告诉我们一个人所处的社会环境、与什么样的人交往是多么的重要。俗话说，入芝兰之室，久而不闻其香；入鲍鱼之肆，久而不闻其臭；近朱者赤，近墨者黑，说的就是这个意思。没有孟母的言传身教、身体力行，没有孟母的谆谆教诲，历史上就不会有一个伟大思想家孟子的存在。

孟子的父亲在孟子很小的时候就去世了，母亲守节没有改嫁。有一次，他们住在墓地旁边。孟子就和邻居的小孩一起学着大人跪拜、哭号的样子，玩起办理丧事的游戏。孟子的妈妈看到了，就皱起眉头：不行！我不能让我的孩子住在这里了！孟子的妈妈就带着孟子搬到市集旁边去住。到了市集，孟子又和邻居的小孩，学起商人做生意的样子。一会儿鞠躬欢迎客人、一会儿招待客人、一会儿和客人讨价还价，表演得像极了！孟子的妈妈知道了，又皱皱眉头：这个地方也不适合我的孩子居住！于是，他们又搬家了。这一次，他们搬到了学校附近。孟子开始变得守秩序、懂礼貌、喜欢读书。这个时候，孟子的妈妈很满意地点着头说：这才是我儿子应该住的地方呀！

这就是有名的"孟母三迁"的故事。除此之外，孟母的"断机教子"也对孟子产生了极大的影响。

　　孟子在刚开始的时候对学习非常感兴趣，但时间长了，他就开始厌烦了，甚至有的时候还会逃学出去玩。纸是包不住火的，没过多久他逃学的事情就被他妈妈知道了，她当着孟子的面用剪刀把织布机上的线一下子剪断了，并且把孟子的学习情况与这个线做比较，线被剪断了就没有办法织成布了，就像学习一样，经常逃学将来是不可能成为一个有用、有文化的人的。

　　孟子的妈妈用断线的事情来教育孟子，做任何事情都一定要有坚持不懈的恒心，只要认准了这个目标，就不可以被外界任何事情所干扰，如果半途而废中途放弃的话，那么后果是极其严重的。妈妈对孟子的教育给小时候的孟子留下了深刻的印象，从此以后孟子努力学习，成为了儒学大师。

案例一

　　晋代名臣陶侃，东晋田园诗派创始人陶渊明是其曾孙。陶侃少年时丧父，家境清贫，与母亲湛氏相依为命。湛氏是位坚强正直的母亲，她把所有的希望都寄托在了儿子身上。童年时的陶侃贪玩，读书不用功，湛氏用织布梭子启发陶侃，使其明白"光阴似箭，日月如梭"的道理，陶侃从此非常珍惜时间，发奋苦读，终于成才。后来陶侃经人引荐，去外地做官，临走时，母亲湛氏拿出一个包袱给陶侃让他带上。陶侃到任后打开包袱，里面包着一坯土块、一只土碗和一块白色土布，陶侃马上领悟了母亲的良苦用心，后来他在仕途上不负母亲所望，做到正直为人，清白为官。

　　陶侃后来任浔阳县吏。一次在食用官府的腌鱼时，陶侃想起贫寒中的母亲，于是派人给母亲送去一罐腌制好的鱼。不料母亲湛氏非但不接受，还将陶罐封上退回，并附信责备儿子说，你做小官，拿公家的东西来送给我，我不但高兴不起来，反而增加我的忧虑。陶侃见信后十分愧疚，从此一生严守母训，更加坚定了做一名清正廉洁官员的决心和信心。

由于陶侃政绩突出，朝廷对他委以重任，封他为长沙郡公。深明大义、教子有方的陶母十分令人敬佩，她为什么要退儿子送来的腌鱼？因为她能意识到一个可怕的后果，就是初次拿公家的腌鱼送我，我欣然接受了，下次拿公家的东西送我的，可能就是金银财物，因此告诫儿子要慎小慎微，拒绝第一次，否则，将兵败如山倒不可收拾，将清廉为官廉洁奉公抛于脑后，成为留下千古骂名的贪官，不但害了自己，也害了家庭。

案例二

姚梁是清乾隆年间的举人，步入官场后一路官运亨通、青云直上，姚梁之所以能有如此的成就，与他从小受到的家庭教育密不可分，现在在他的家乡浙江省庆元县，还流传着"姚母试子"的故事。

一天，姚梁刚从外面回到家里，母亲很生气地问道："我中午煮了一大碗香蛋，明明就放在了厨房的桌子上，结果我刚才去厨房的时候，发现那碗香蛋少了三个。莫非是被家里的谁偷吃了？你帮我查出来，我要严惩这个家贼。"

姚梁听到这件事情之后，心想自家人吃几个香蛋也没什么大事，不值得这么认真，于是便对母亲说："几个香蛋而已，吃就吃了吧，不值得大惊小怪，就不必追究了吧。"没想到母亲听到这句话之后，十分生气地对姚梁说："你连家中的小事都分不清，怎么去各州府查办案子？"

听完母亲的一番话之后，姚梁当即明白了母亲的意思，随后把家人都叫了过来，给他们每人一个脸盆，吩咐大家一起漱口，然后将漱口水吐到盆中。姚梁一个个检查过去，别人盆中的水都是干净的，只有母亲的盆中有一些蛋黄碎渣子。于是姚梁知道了，那个吃蛋的人不是别人，正是自己的母亲，正在他犯难的时候，母亲在一旁不断地催问："查到是谁偷吃香蛋了吗？"

姚梁犹豫了一会儿，说："查是查到了，只是……"正在姚梁犹豫要不要继续说下去的时候，母亲进一步追问："只是什么？你是想要徇私情是吗?"面对母亲的追问,姚梁踌躇半天,还是说出了真相:"香蛋是母亲吃的。"姚梁的妻子听到这番话之后,埋怨姚梁不该当着所有人的面让母亲难看,但谁都没有想到,这个时候,他的母亲十分开心地说:"我看到你能这样做,遇事谨慎,判事无私,不徇私情,你去办案,我就放心了。"不久之后,姚梁奉旨前往各州府明察暗访,惩处了一批贪官污吏。坊间也称赞姚梁"为官清廉耿直,毫不徇私",姚梁之所以能名垂史册,其动力源泉来自于母教的力量。

三、人之乐莫乐于读书,读书应成为每一个人的生活态度

人之要,莫要于教子;人之乐,莫乐于读书。俗话说,传家两字"读"与"耕",对一个家庭来说,读书是最低门槛的投资,是最低门槛的高贵。读书能让一个人站得更高,看得更远,读书使人明智,使人充实。

现在提倡学习型社会,学习型政党、学习型领导干部,中央提出要"把学习作为提高执政能力根本途径",有两项问卷调查:一项是当今的领导干部用于读书的时间是少之又少,回答的理由不外两个,公务繁忙,应酬太多;一项是对60岁退休官员的调查,72%的官员后悔在为官的几十年间没有抓住学习的机会,让时间白白流失了。正所谓"为官不知勤学早,白首方悔读书迟"。的确,在有些党员干部那里,不勤学、不真学、不深学、不善学现象相当普遍,热衷应酬、忙于事务,不勤学;有些党员干部装点门面、走走形式,不真学;有些党员干部心浮气躁、浅尝辄止,不深学;有些党员干部食而不化、学用脱节,不善学。在这方面,古代官员的所作所为应该成为我们的表率。

古代的官员通过科举考试进入官场后,并没有放弃学习,几乎个个都是饱学之士,不管是文官还是武将,下朝回家后,大都在读

书学习、吟诗作画，成为为官和为文两方面的典范，我们所熟知的思想家、政治家、文学家、军事家无不是如此，例如唐代的韩愈、柳宗元，宋代的王安石、苏轼、范仲淹，清代的林则徐、左宗棠、曾国藩等，既是垂范后世的出色政治家，又是名留青史的杰出文学家。古代官员在好学、善学方面，要远远高于我们今天的官员。孔子的学生子夏说"仕而优则学"，意思是要当个好官、称职的官，就得不断学习，提高自己的执政本领。荀子也说：学者非必为仕，仕者必为学。

学习不是为了当官，但要当个合格称职的官，就一定要学习。《荀子》全书的第一篇就是《劝学》。孔子认为，作为一名领导者，要敏而好学，不耻下问。孔子本人就是好学、博学的表率，有人问子路，您的老师是什么样的人，子路一时不好回答。孔子说，你不会这么说：我的老师学习起来，忘了吃饭、忘了忧愁，孜孜不倦，连头发白了都不知道。

孔子不但好学、博学，而且还主张在学习上要实事求是，"知之为知之，不知为不知"，不要好为人师，不知强以为知。在孔子看来，学习是一个人获取知识的最主要途径，学习还要与思考相结合，只学习不懂得思考就会惘然，空思考不学习就是空想。这就是孔子说的"学而不思则罔，思而不学则殆"。此外，孔子还主张乐学，快乐地学习，"知之者不如好之者，好之者不如乐之者"，知之不如好之，好之不如乐之。快乐地学习是学习的最高境界。孔子特别注重向别人请教，一遇到不懂的事情，就会主动向别人请教，一次，孔子去鲁国国君的祖庙去参加祭祖典礼，他不时向旁人询问，差不多每件事都问到了。有人在背后嘲笑他，说他不懂礼仪，什么都要问。孔子听到这些议论后说："对于不懂的事，问个明白，这正是我要求知礼的表现啊。"

据文献记载，孔子不仅向当时声望显赫的社会贤达或社会名流虚心请教，如郯子、蘧伯玉、师襄子、老子、苌弘，还向那些田野山林之隐士，如楚人接舆、荷蓧丈人、长沮与桀溺等人请教，学习的内容涉及礼、史、官制、琴术等。

　　唐代韩愈在《师说》中也做了记载："圣人无常师，孔子师郯子、苌弘、师襄、老聃。郯子之徒，其贤不及孔子，孔子曰：'三人行，则必有我师。'是故弟子不必不如师，师不必贤于弟子。闻道有先后，术业有专攻，如是而已。"孔子还向小孩子学习，《三字经》："昔仲尼，师项橐。古圣贤，尚勤学。"孔子对于学习以及如何学习有太多的感受，孔子不认为自己是一个生而知之的人，他的学问是通过爱好古代文化、勤奋好学而获得的。

　　关于学习，孔子说：学与习、学与问、学与思、学与知、学与恒、学与行、学与用、学与仕、学与乐要结合。他说："三人行，必有我师焉。择其善者而从之，其不善者而改之。"意思是说，几个人一起走路，其中便一定有可以为师的人。我选取他们的优点而学习，看出他们的缺点则加以改正。"学而不厌，诲人不倦""吾尝终日不食，终夜不寝，以思，无益，不如学也""学而时习之，不亦说（悦）乎？""日知其所亡，月无忘其所能，可谓好学也矣。""君子食无求饱，居无求安，敏于事而慎于言，就有道而正焉，可谓好学也已。"孔子一生都坚持"学而不厌，诲人不倦"的态度，颜渊在评价孔子的文章时说，"仰之弥高，钻之弥坚，瞻之在前，忽焉在后"，抬头仰望，觉得很高；努力钻研，觉得很深；看它好像在前面，忽然又好像在后面。孔子这种活到老、学到老，不知老之将至的精神，对今天的人来说仍具有重要的指导作用和借鉴意义。任何一个人都不是生而知之，都是学而知之、困而知之，学然后知不足，如果有人自恃先天条件好而忽视了后天的学习，就会像王安石在《伤仲永》一文中所说的那样一事无成。

　　黑发不知勤学早，白首方悔读书迟。书卷乃养心第一要务。在中央党校建校 80 周年庆祝大会上，习近平总书记再次向领导干部发出了大兴学习之风的号召："我们的干部要上进，我们的党要上进，我们的国家要上进，我们的民族要上进，就必须大兴学习之风，坚持学习、学习、再学习，坚持实践、实践、再实践。"①列宁曾教育干部说："我们一定要给自己提出这样的任务：第一是学习，第二是学习，第三还是学习，然后是检查，使我们学到的东西真正深入血肉，真正地完全地成为生活的组成部分，而不是学而不用，或只会讲些时髦的词句（毋庸讳言，这种现象在我们这里是特别常见的）。"②这些论断旨在表明，作为一名领导干部，若不注重学习，就会落后于时代，就跟不上时代发展的步伐，就干不好自己的本职工作。

毛泽东一生最大的爱好就是读书，他说饭可以一日不吃，觉可以一日不睡，书不可以一日不读。习近平总书记也曾说："我爱好挺多，最大的爱好是读书，读书已成为我的一种生活方式。"③

为了提高我们自身的本领，我们需要学习；为了应对和妥善处理我国面临的各种不断出现的新情况新问题，我们需要学习；我们今天所谓的学习，不仅仅是向书本学习，还要向实践学习，向人民群众学习，向专家学者学习，向国外有益的经验学习。领导干部应该把学习作为一种追求、一种爱好、一种健康的生活方式，做到好学乐学，如饥似渴地学习，只要坚持下去，必定会积少成多、积沙成塔，积跬步以至千里。各种文史知识，中华优秀传统文化，领导干部也要学习，以学益智，以学修身。中国传统文化博大精深，学习和掌握其中的各种思想精华，对树立正确的世界观、人生观、价值观很有益处。

古人所说的"先天下之忧而忧，后天下之乐而乐"的政治抱负，"位卑未敢忘忧国""苟利国家生死以，岂因祸福避趋之"的报国情怀，"富贵不能淫，贫贱不能移，威武不能屈"的浩然正气，"人生

---

① 习近平：《在中央党校建校 80 周年庆祝大会暨 2013 年春季学期开学典礼上的讲话》，人民出版社 2013 年版，第 12 页。

② 《列宁选集》第 4 卷，人民出版社 1995 年版，第 786 页。

③ 中共中央党史和文献研究院编：《习近平关于注重家庭家教家风建设论述摘编》，中央文献出版社 2021 年版，第 30 页。

自古谁无死，留取丹心照汗青""鞠躬尽瘁，死而后已"的献身精神等，都体现了中华民族的优秀传统文化和民族精神，我们都应该继承和发扬。领导干部一定要把学习放在很重要的位置上，如饥似渴地学习，哪怕一天挤出半小时，即使读几页书，只要坚持下去，必定会积少成多、聚沙成塔，积跬步以至千里，积细流以成江海。

　　至乐莫如读书。每个人的一生，都是在学习中成长成熟的，没有生而知之者，都是学而知之，坚持学有所思，把知识变为智慧。在广泛学习的基础上，善于思考，才能学有所获，学有所得。这是因为书本上的东西是别人的经验，要把它变为自己的智慧，为我所有，离不开思考；书本上的知识是死的，要把它变为活的，为我所用，同样离不开思考。把通过学习掌握的知识尽量运用到工作中去，既在实践中检验、巩固和提升学习的成效，又在实践中增长自己的本领。离开实践，领导干部即使知识再渊博，也只能是纸上谈兵。"纸上得来终觉浅，绝知此事要躬行""耳闻之不如目见之，目见之不如足践之"，说的就是这个道理。只有学得精彩，才能干得出彩。学习要有恒心和毅力，学无止境。学习要善于思考，要与实践相结合。学以致用，学以立德。从古至今，刻苦学习的不乏其人，古有"凿壁偷光""悬梁刺股""负薪挂角"，今有居里夫妇、钱学森……细细数来，凡是有所成就的人都拥有一个共同的特点，那就是孜孜不倦，刻苦学习，不断丰富自己，提高自己。每天都要学些新东西，坚持克服每一个困难，坚持地朝自己定下的目标前行，总有一天可以把铁棒磨成针，让金石穿孔。

　　学习要能善思。古人云："学而不思则罔，思而不学则殆。"读书历来都是修身养性的重要途径，也是衡量人品官德的重要标准。通过读书学习提升从政道德。我们中华民族在漫长的历史中孕育了为数众多的先哲，流传下来许多优秀文化典籍，为我们学习做人做事和治国理政提供了宝贵的资源。在这些书籍中，既有两袖清风、鞠躬尽瘁的人物，也有不惧权贵、为民请命的事例，更有热爱科学、崇尚民主的思想，值得我们仔细揣摩、消化吸收。

做人，讲人品之好坏；做官，讲官德之高下。从政道德修养是党性修养的基石。领导干部的从政道德修养不仅表现在为人处世、人品德行上，还表现在党性观念、执政理念、亲民作风等方面，具有鲜明的政治性、示范性、先进性。在新的时代条件下，领导干部要不断提高自己、完善自己，自觉坚持让读书成为重要的生活态度、成为家庭生活的重要方面，坚持把读书学习与提高生活品质、提升家庭幸福感结合起来，把读书学习与加强政德修养紧密联系起来，坚持在读书学习中汲取精神食粮、锤炼道德操守、升华思想境界，坚持在读书学习中把握人生道理、领悟人生真谛，形成崇高的思想品德、高尚的道德情操和特有的人格魅力，切实经受住各种考验，努力使自己成为一个高尚的人，一个纯粹的人，一个有道德的人，一个脱离了低级趣味的人，一个有益于人民的人。

第六讲
坚守初心和底线　父母心安即孝道

家风正则民风淳,民风淳则社稷安。家风是一种潜在无形的力量,它无影无形却无处不在。好家风潜移默化地哺育和滋养着一个家族乃至一个民族的流传和兴盛,支撑和促进着一个社会乃至一个国家的健康向上和文明进步。我们应当努力建设新时代家风文化,传承和弘扬孝老爱亲之风、好学向善之风、崇洁尚廉之风、戒奢求俭之风、吃苦耐劳之风,推动全社会好风气的形成,汇聚实现中华民族伟大复兴中国梦的磅礴力量。

党的十八大以来,习近平总书记就家庭家教家风建设作出一系列重要论述,深入回答了新时代家庭家教家风建设抓什么、怎么抓的问题,丰富和发展了社会主义精神文明建设理论,为推动形成社会主义家庭文明新风尚提供了根本遵循。

一、重视家庭家教家风建设是中华民族的优良传统

天下之本在国,国之本在家。中华民族历来重视家庭,经过5000多年的文明积淀,传统优秀家风已深植中国人的心灵,融入中国人的血脉,成为中华民族独特的精神标识。家教家风是调整维系家庭成员之间情感关系和利益关系的道德行为规范,是一个家庭世

代传袭下来的精神积淀和人生修为，体现的是长辈对晚辈耳濡目染、潜移默化的教育和子孙后代立身处世、言谈举止的准则。在中华优秀传统文化中，每个家庭的家教家风具体表现形式不同，但归根溯源都以品德教育作为根本，以诚实守信、勤俭持家、勤奋好学等作为基本美德，都重视仁义礼智、礼义廉耻、孝悌忠信等道德品行。同时，家庭的事，不仅影响着个人，也影响着国家和社会。历史一再证明，家庭是社会的基本细胞。家庭和睦，社会才能安定；家教良好，未来才有希望；家风纯正，社会风气才会纯净。所以说，良好的家庭家教家风是支撑我们这个民族生生不息、薪火相传、发展进步的重要力量。

二、推动形成社会主义家庭文明新风尚是新时代家庭家教家风建设的目标任务

随着时代发展，家庭结构和家教家风具体内涵逐渐演变，但是注重家庭家教家风建设的共识一如既往。十年树木，百年树人。我们要坚持立德树人的价值目标，发挥学校、家庭、社会"三结合"教育网络的作用，动员社会各界共同参与家庭文明建设，推动形成爱国爱家、相亲相爱、向上向善、共建共享的社会主义家庭文明新风尚。紧紧抓住领导干部这个"关键少数"，继承和弘扬中华传统家庭美德与老一辈革命家的红色家风，注重从先进典型身上汲取家风力量、从反面案例中吸取警示教训，抓落实、促实效，努力将家庭家教家风建设与党的建设、廉政建设等有机融合起来，树立起家庭家教家风建设的鲜明导向。大力培育和践行社会主义核心价值观，以文明家庭创建活动为载体，发挥家庭教育的基础作用，建设新时代的家风文化，强化法规政策的保障作用，通过一系列举措，让广大家庭成为国家发展、民族进步、社会和谐的重要基点，将家庭梦与国家梦、民族梦紧密结合起来，努力用亿万家庭的好家风支撑起好的社会风气。

三、良善家风惠久远

无论经历多少风云变幻、沧海桑田,中国人的家国情怀都绵延不绝、亘古不变。习近平总书记如此重视家风问题,因为家庭是国家发展、民族进步、社会和谐的重要基点,千家万户都好,国家才能好,民族才能好。2021年开始施行的《中华人民共和国民法典》也将"家庭应当树立优良家风,弘扬家庭美德,重视家庭文明建设"列入法律条款,赋予"优良家风"建设法律地位。

家风一词,初见于西晋著名文学家潘岳所作的《家风诗》:"绾发绾发,发亦鬒止。日祇日祇,敬亦慎止。靡专靡有,受之父母。鸣鹤匪和,析薪弗荷。隐忧孔疚,我堂靡构。义方既训,家道颖颖。岂敢荒宁,一日三省。"这是一首自述家族风尚的四言诗,作者通过歌颂祖德、赞美自己的家族传统以自我勉励。家风从发轫之初,就与门风互通互用。如《魏书》卷五十八:"门生故吏,遍于天下,而言色恂恂,出于诚至,恭德慎行,为世师范,汉之万石家风、陈纪门法所不过也,诸子秀立,青紫盈庭,其积善之庆欤";《北齐书》卷四十二:"少而清虚寡欲,好学有家风";《周书》卷三十八:"昶年十数岁,为《明堂赋》。虽优洽未足,而才制可观,见者咸曰有家风矣"等。据此,我们既可以将家风理解为一个家庭的风气,也可以将它看作是一个家庭的传统与文化。

如同一个人有气质、一个民族有性格一样,一个家庭在长期延续过程中,也会形成自己独特的风习和风貌,而这就是家风。它看不见、摸不着,常以一种隐性的形态,存在于特定家庭的日常生活之中,体现在家庭成员的举手投足之间。家风一旦形成,便会成为一个家庭的教化资源,在代际之间不断得到传承,并使家族子弟耳濡目染、身受其益。家风偏重于对传统的继承,能够绵延传承而持久存在。

《南史》卷二十二:"齐有人焉,于斯为盛。其余文雅儒素,各禀家风。箕裘不坠，亦云美矣。"这里的"禀"字，就意为下对上、后对前的承继接受。当然，家风也有好坏之分，优劣之别。有的家风是勤奋俭朴、为人忠厚、待人有礼，有的家风是狡诈刻薄、游荡为非，愤戾凶横。所以，历史文献中也不乏对不良家风、门风的贬损。《魏书》卷三十八："刁氏世有荣禄，而门风不甚修洁，为时所鄙。"

大力涵养弘扬孝老爱亲家风。古人把家风概括为"五常八德"，"五常"即仁、义、礼、智、信，"八德"即忠、孝、仁、爱、信、义、和、平。中华民族流传着许多孝老爱亲的故事，如黄香温席、卧冰求鲤、孔融让梨、芦衣顺母、亲尝汤药等。孝老爱亲美德，既是处理家庭关系的准则之一，也是创建和谐幸福家庭的秘诀所在。

习近平总书记在 2019 年春节团拜会上指出："在家尽孝、为国尽忠是中华民族的优良传统。没有国家繁荣发展，就没有家庭幸福美满。同样，没有千千万万家庭幸福美满，就没有国家繁荣发展。"[①] 孝老爱亲，是家事更是国事。家庭是社会的细胞，只有每个家庭都孝老爱亲，才有整个社会的和谐安定。我们应当从对自家长辈的孝敬尊重做起，拓展为面向全社会的尊老、敬老、爱老、助老；从对自家亲人的关心关爱做起，拓展为面向全社会的友善、亲和、互助、和睦。

大力涵养弘扬好学向善家风。"天行健，君子以自强不息；地势坤，君子以厚德载物。"数千年来，浸润在历史长河中的君子文化，在中华儿女的血脉中充盈不辍。这种入世有为、自强不息、厚德载物的君子品格，也成为中华民族性格和理想人格的一部分。习近平总书记强调："培育和弘扬社会主义核心价值观必须立足中华优秀

---

① 中共中央党史和文献研究院编：《习近平关于注重家庭家教家风建设论述摘编》，中央文献出版社 2021 年版，第 71 页。

传统文化。"①古代有孙康囊萤映雪、祖逖闻鸡起舞、李密牛角挂书，近代有李大钊"少年立志救国"、周恩来"为中华之崛起而读书"。君子文化是涵养社会主义核心价值观的重要源泉，我们应当树立好学向善的家风，培养高雅的志趣爱好，树立远大的人生理想，自觉奋发向上，勤于学习，善于创造，甘于奉献，做遵纪守法、品德高尚、奋发有为的时代新人，凝聚全社会向上向善的强大力量。

大力涵养弘扬崇洁尚廉家风。古往今来，中国社会都很重视清廉家风问题。礼、义、廉、耻是儒家道德价值观的核心内容。儒家讲求家、国、天下三位一体，认为治国必先治家，正人必先正己。历史上涌现出的清官廉吏，他们身上也都浸润着清廉家风。如唐朝开国重臣房玄龄正是受清廉家风的熏陶才成就了不朽英名；北宋贤臣包拯祖孙三代都克己奉公、廉洁守法，成为古代清廉官员的杰出代表。

律己修身、廉洁奉公的清廉本色，亦是红色家风的精髓。老一辈共产党人以自己的言传身教，为后人树立了良好榜样。如陈毅告诫子女和部属"手莫伸，伸手必被捉"；黄克诚要求家人"绝不占公家便宜"；甘祖昌"从不利用权力为子女办事"等。家风正、私德严，才能政风清、政德廉。我们应继承和弘扬革命前辈的红色家风，自觉加强自我约束，严以修身、严于律己、严管家人，做到廉洁修身、廉洁齐家。

大力涵养弘扬戒奢求俭家风。俭，是儒家五德之一，也是古代君子的高尚品性。大凡有识之士、清廉官吏，皆"性不喜华靡"，而"以俭素为美"。在中华传统文化中，俭是立身之本，俭是为官之道，常与其他美德并存。如司马光家族的勤俭家风，范仲淹家族的廉俭家风，于成龙家族的清俭家风等。

成由勤俭败由奢，古代家风倡导尚俭戒奢。张载就把"戒好鲜

---

① 《习近平谈治国理政》第 1 卷，外文出版社 2018 年版，第 163—164 页。

衣美食""戒滥饮狂歌"列入家训"十戒"之中。红色家风注重塑造勤俭节约、艰苦朴素的生活习惯。无论我们国家发展到什么水平，无论人民生活改善到什么地步，艰苦奋斗、勤俭节约的思想永远不能丢。我们应当涵养"恒念物力维艰"的道德品质，养成节约习惯、形成勤俭之德。

大力涵养弘扬吃苦耐劳家风。中华民族向来推崇劳动，极为重视对家中子女勤劳美德的培养。因此，勤劳也成为历代家庭中训诫子孙的最主要内容。南宋叶梦得在《石林治生家训要略》中认为："要勤"，则必须"每日起早，凡生理所当为者，须及时为之。如机之发，鹰之搏，顷刻不可迟也"。清代朱柏庐《治家格言》中也强调："黎明即起，洒扫庭除，要内外整洁。"吃苦耐劳、自立自强、艰苦奋斗也是红色家风中的优秀品质。习近平总书记在多个场合都特别强调劳动的重要性，强调"社会主义是干出来的，新时代是奋斗出来的"[1]，要"培养德智体美劳全面发展的社会主义建设者和接班人"[2]，号召"让诚实劳动、勤勉工作蔚然成风"[3]，彰显"劳动最光荣"的价值观。我们要传承红色基因，培育家国情怀，发扬艰苦奋斗、吃苦耐劳的精神，为民族复兴、国家富强贡献自己的力量。

四、良善家风以孝为始

滴水之恩当涌泉相报，小羊为了报答父母的养育之恩，跪下来吸吮母亲的乳汁。小乌鸦为了报答父母的养育之恩，当父母年老不能外出捕食时，就将食物口对口地喂养给年老的父母。《孝经》上说："五刑之属三千，而罪莫大于不孝。"

---

[1]《习近平书信选集》第1卷，中央文献出版社2022年版，第338页。
[2]《习近平书信选集》第1卷，中央文献出版社2022年版，第314页。
[3]《习近平书信选集》第1卷，中央文献出版社2022年版，第170页。

（一）为什么要讲孝道

百善孝为先，孝为德之本。无论哪个朝代，孝始终都被摆在极高也极重要的位置。为人子当尽孝，人之行，莫大于孝，教民亲爱，莫善于孝，尧舜之道，孝悌而已。孝是一切道德心、感恩心、善心、爱心的根源，是人伦道德的基石，是中国社会维系家庭关系的道德准则，也是中华民族源远流长的传统美德。

孝的观念在中国源远流长。我们为什么要讲"孝"？水从源头来，树从根脚起。普天之下，古往今来，我们都是父母生、父母养。对每一个人来说，父母，就是我们的本源。父母对孩子的成长所付出的辛苦、操劳、委屈、无怨无悔、心甘情愿、任劳任怨，父母为儿女所付出的心血、汗水和无私的爱，我们做儿女的没法用语言表达、没法用金钱计算，也难以用尺子衡量。父母的生养之恩可谓是重如山、深似海，与天地同久，与日月同辉。历史为我们留下了太多描写父母为我们操劳的诗篇，《诗·小雅·蓼莪》上说："蓼蓼者莪，匪莪伊蒿。哀哀父母，生我劬劳，蓼蓼者莪，匪莪伊蔚。哀哀父母，生我劳瘁。……父兮生我，母兮鞠我。拊我畜我，长我育我。顾我复我，出入腹我。欲报之德，昊天罔极。"再看看那首镌刻在孔庙里的《劝孝良言》，告诉我们天下儿女为什么要尽孝。

> 十月怀胎娘遭难，坐不稳来睡不安；
> 儿在娘腹未分娩，肚内疼痛实可怜；
> 一时临盆将儿产，娘命如过鬼门关；
> 儿落地时娘落胆，好似钢刀刺心肝；
> 把屎把尿勤洗换，脚不停来手不闲；
> 每夜五更难合眼，娘睡湿处儿睡干；
> 养儿养女一样干，女儿出嫁要妆奁；
> 为儿为女把账欠，力出尽来汗流干；
> 倘若出门娘挂念，梦魂都在儿身边。

千辛万苦都受遍，你看养儿难不难！

儒家有《孝经》《百孝经》《劝孝歌》《十跪父母恩》，养儿方知父母恩，古往今来歌颂母亲的诗篇和歌曲何止千千万。当儿女长大成人后脚步日益矫健，但生养我们的父母腰弯了、背驼了、头发花白了、满脸的皱纹和褶子，说话口齿不清、颠三倒四，做事丢三落四，但他们就是我们的父母。我们做儿女的，不管权力多大、地位多高、财富多少，在父母眼里，我们永远就是儿女。我们要饮水思源、知恩图报，孝敬父母，敬养双亲，这是每一个子女应尽的义务，是天经地义的法则，是没有价钱可讲的。这种感恩报答之心并非是由外在强加给我们的，而是来自内心情感的自然流露，是一种血缘亲情关系，儿女报答父母的养育之恩是永远也报答不完的。

不要把父母当作包袱和累赘，在家里，父母就是天就是地，父母在，家就在。父母不在，家也就不存在了，再多的兄弟姊妹，只是亲戚关系，各自有各自的小家，就再也没有大家了。

当父母健在的时候，就要尽自己最大能力去报答、关爱、孝顺他们，人老我不敬，我老谁敬我。没有父母，就没有我们的今天，没有我们对父母的关爱，父母就很难安享幸福的晚年。一个孝敬父母的人，坏不到哪里去；一个连父母都不孝的人，好也好不到哪里去。对父母不孝的人，不管他当多大的官，做多大的老板，都不会有什么好的结果。

（二）官员犯法就是大不孝

孝道是中华民族的优秀传统文化，具有悠久的历史和丰富的内涵，最早可以追溯到《尔雅》中的"善事父母为孝"。汉代贾谊在《新书》中提到"子爱利亲谓之孝"。东汉许慎解释"孝"字为"善事父母者，从老省、从子，子承老也"。可以看出，孝是子女对父母的一种美德和善行，是在家庭伦理关系中的一种普遍的行为规范和道德准则。

儒家都对孝有十分深刻的理解和丰富的阐述。孔子说："孝悌也者，其为仁之本与。"其将"孝"作为"仁"的基础从而和"仁"联系起来，使"孝"找到内在的根据。曾子认为"事君不忠，非孝也，莅官不敬，非孝也！"在这里，曾子表示忠君已经成为孝的一部分，不忠即不孝。孟子讲"孝子之至，莫大乎尊亲"，事亲、尊亲成为最高的道德表现，孝是人生最高的道德。曾子所写的《孝经》千百年来为人们所称颂，他一生都在积极地实践和推行以孝为本的孝道，至今仍具有宝贵的社会意义和道德价值。由此可以看出，孝道自古以来就是中华文化中的瑰宝，历史上的众多圣人贤哲均以孝道作为道德修养的基础，从尧舜禹、到周文武、再到孔孟，无不对孝道推崇备至，可见，孝在人的一生中有着多么重要的意义。可惜，在现实生活中，一些官员对先人的教诲不加理会，反倒是对金钱和美色把持不住，从而堕入违法犯罪的深渊，官员应当引以为鉴。

我们常说"百善孝为先"，孝是一切良好道德修养的基础，一个人如果对有养育之恩的父母都不敬爱，又如何能对其他人真诚友善，对国家和民族忠诚和奉献呢？因此，人生最重要的是先学会做人，而做人的第一点就是孝顺自己的父母。现如今，很多人对朋友和外人都和和气气，一到家就对父母直眉瞪眼、大发雷霆，殊不知发的是你的脾气，伤的却是父母的心！

再者，父母对孩子最大的期望便是平平安安地做个对国家和人民有贡献的人，不求名垂青史，但也绝不希望看到子女因为违法犯罪而身陷囹圄。望子成龙是每个父母的心愿，成为一名为民服务的官员本是让父母骄傲的事情，但是一些为官者在人生考验中越走越偏，做出违法乱纪的行为，最终反而成了父母心中永远的遗憾。因此，官员作为人民群众的杰出代表，应时刻以人民和国家的利益为己任，抛去个人的得失，做一个有助于百姓、民族和国家的人，在道德上成为模范，在孝道上身先士卒，以儒家"君子"和"大丈夫"为目标，成为百姓的好榜样！更不必说做任何违法犯罪的行为，不仅伤了父母的心，使他们受辱，也给国家和人民带来损失，而为人所不齿。

《二十四孝》中的故事我们都耳熟能详,孝没有时间和地域的界限,历史上的一个个孝子用他们的行动感动天、感动地、也感动了当代的我们,数千年来为人所称赞和颂扬。如"孝感动天"的虞舜、"百里负米"的仲由、"啮指痛心"的曾参等,都是历史上著名的孝子和仁人。

在古代,"孝"和"仁"是紧密联系在一起的,"孝"不仅是孝顺父母,还有孝敬长辈、尊师重道等内涵,在家能够对父母尽孝、对兄长顺服,那么在外就能对国家尽忠、对人民尽责,孝悌是以达到仁为最终目标。

儒家的孝道与仁具有内在的统一性,仁是孝悌的本体根据,孝悌是行仁的工夫起点。孔子以仁为核心的哲学、伦理思想贯穿着"孝"的概念,从家庭内部父子、兄弟之间的"亲亲"推广开来,将孝悌从家发展到国的层次,在社会和政治中更好地处理"家"和"国"的关系,从而有"君君,臣臣,父父,子子"。君臣父子各自做好自己的职责和本分的事情,这样社会才能安定,国家才能和谐安定。在家能孝敬父母、兄弟,在生活和工作中必然严于律己、克己复礼,不做犯上之事,不致让父母屈辱、家族蒙羞。孝悌是仁最初的发端,追求仁的过程以实践孝悌为前提,尊敬父母和兄长就是施行"仁"道的基础。

孝悌为仁之本,达到仁的道路是漫长的,必须持之以恒、不苟不懈,使之成为毕生追求的道德目标。仁德作为一种内在道德修养,需要以外在的道德实践活动展开,从孝悌的起始点逐渐扩充至全部的内心。对父母尽孝就是实践仁德的第一步,不仅仅是让父母衣食无忧、分担父母的责任,更重要的是有心灵的沟通,让父母感受到子女对他们由内而外的"敬爱"和"仁爱"之情,达到一种和谐、快乐的境界。如果官员犯法,那么即使他对父母再敬爱,这种家庭和乐的情感氛围也将烟消云散,取而代之的是父母无尽的焦虑和痛苦,这样的官员即使对父母再敬且顺,也是最大的不孝!

自古以来，随着现代社会物质生活水平的爆发式提高，人们的欲望不断膨胀，其中一些官员只顾个人享乐，已经到了利欲熏心的程度，将党纪、国法、家规、道德一律抛于脑后，骄奢淫逸，声色犬马，心存侥幸，最终锒铛入狱，成为受人唾弃的阶下囚。官员作为人民群众利益的保护者，应当是道德的守护者、遵循者和践行者，而不是唯利是图、穷奢极侈、违犯法令的小人。为官者在儒家文化的熏陶下，应立下鸿鹄之志，有民胞物与之大量，建内圣外王之伟业，对百姓和国家尽忠尽职，而后方可不负父母的养育之恩，无愧于天地之间。父母把我们养育成人，是为国家培养了一个人才，是为了血脉亲情的传递，也是为年迈的父母遮风避雨、养老送终。

古代因犯罪株连父母的大有人在。东汉末年的军阀董卓，带领军队来到国都，废掉了皇帝刘辩，另立刘协为傀儡皇帝，并从此独揽朝政。其专权期间，对朝廷中的大臣肆意杀戮，对天下的百姓任意欺凌。结果，他的暴行引起了人们的愤怒，朝臣王允等人联合起来利用美人计一举将他除掉。董卓的恶行使其家庭也受到了牵连，连年迈的父母也因此受到株连，当时他的母亲已经90多岁了，也被依法处死。我们都是家里的自豪和骄傲，如果做儿女的做了违法乱纪的事情，锒铛入狱，沦为阶下囚，这是大不孝。

我们在工作与生活上都应当坚守初心和底线，传承弘扬优秀传统家风与先进红色家风，传承和弘扬孝老爱亲之风、好学向善之风、崇洁尚廉之风、戒奢求俭之风、吃苦耐劳之风，让良好家风成为支撑民族兴盛、社会和谐、国家富强的坚实力量。

第七讲
诚实守信养品性　子勇女惠树榜样

诚信是中华民族的传统美德，体现了古人对天地之道的敬畏与尊崇。《中庸》说："诚者，天之道也。诚之者，人之道也。"诚指真实无妄，自然界的一切都是实实在在的，没有虚假，作为天地万物之一的人应该把追求真诚作为立身之本。《论语》中说，"与朋友交，言而有信""谨而信，泛爱众"。守信是人与人交往的基础。在古人看来，诚是内在的品质，信是外在的表现，内诚于心，外信于人，只有遵循真诚心灵的要求所做出的实在行为，才具有感染他人的魅力和力量。诚实守信作为中华民族的优良品德，是家庭建设的基石，是家教家风的重要内容，是扣好子女成长第一颗纽扣的重要环节。

习近平总书记在《传承提升农耕文明，走乡村文化兴盛之路》一文中指出："中华文明根植于农耕文明。从中国特色的农事节气，到大道自然、天人合一的生态伦理；从各具特色的宅院村落，到巧夺天工的农业景观；从乡土气息的节庆活动，到丰富多彩的民间艺术；从耕读传家、父慈子孝的祖传家训，到邻里守望、诚信重礼的乡风民俗，等等，都是中华文化的鲜明标签，都承载着华夏文明生生不息的基因密码,彰显着中华民族的思想智慧和精神追求。"①

诚实守信是形成社会崇德向善氛围的有力支撑,我们要积极吸收中华民族优秀传统文化中体现诚实守信、子勇女惠的史记典籍、家训家书的有益论述,丰富诚信建设的内涵,让中华民族诚实守信的文化基因更加深入人心,特别是在我们广大青少年心中生根发芽。

《弟子规》第五章"信"中,讲的为人之道也是教育子女做到诚实守信。"凡出言,信为先。诈与妄,奚可焉。"开口说话,诚信为先;欺骗和胡言乱语,怎么可以拿来做人呢。弟子规讲的信具体到我们的时代也反映了诚实守信、服务人民等职业道德的要求,与《公民道德建设实施纲要》所提倡的在大方向上是完全一致的,可谓一致百虑、殊途同归。

唐代魏征等在编著的《群书治要》中把史记典籍中君子之间讲诚信的归纳了若干论述,我们拿来与大家分享,以便更深层次地体会中华民族讲诚守信的文化基因,增强我们的文化自信。

《群书治要·体论》有云:"天地有纪矣,不诚则不能化育;君臣有义矣,不诚则不能相临;父子有礼矣,不诚则疏;夫妇有恩矣,不诚则离;交接有分矣,不诚则绝。以义应当,曲得其情,其唯诚乎。"意思是说天地是有纲纪的,不真诚就不能化育万物;君臣之间是有道义的,不真诚就不能相处共事;父子之间是有礼节的,不真诚就会无礼而疏远;夫妇之间是有恩义的,不真诚就会忘恩而离异;结交朋友是有情分的,不真诚就会无情而断绝来往。以道义来处事、待人、接物都能应对恰当,微细地体察到对方的心意、需要或是事物的真相,这唯有用真诚心才能做到啊!

《群书治要·孙卿子》有云:"君子养心,莫善于诚。致诚无他,唯仁之守,唯义之行。诚心守仁则能化;诚心行义则能变。变化代

---

① 中共中央党史和文献研究院编:《习近平关于注重家庭家教家风建设论述摘编》,中央文献出版社2021年版,第11页。

光，谓之天德。"也就是说，君子修养心性，没有比真诚更好的了。要做到至诚，没有其他方法，唯有信守仁德实践道义。以至诚心来守住仁德，就能教化百姓；以至诚心行使道义，就能改变风俗使民心向善。善良风俗代而兴起，如此可说是与天同德。

《群书治要·袁子正书》有云："唯君子为能信，一不信则终身之行废矣，故君子重之。"意思就是说，只有君子能坚守信义，因为一不守信义，那么一生的作为都将被世人否定唾弃，所以君子非常看重信义。

我们再来看看孔子是怎么说诚信的。《群书治要·中论》有云："欲人之信己，则微言而笃行之。笃行之，则用日久；用日久，则事著明。事著明则有目者莫不见也，有耳者莫不闻也，其可诬乎？"孔子说过，想让别人信任自己，就应当少说而切实履行；真正落实去做，效果就能持久；成效日益长久，事理更能彰显。理事都明白，那么大家有目共睹，有耳皆闻，谁还能歪曲事实真相呢？

子夏曰："君子信而后劳其民，未信则以为厉己也。信而后谏，未信则以为谤己也。"也就是说，君子在位时，先要取得民众的信赖，然后才能劳役民众。如果未取得信赖，民众会以为这是在虐待他们。君子若处于臣位时，应先取得君主的信任，然后才能规谏。如果未取得信任，君主会以为这是在诽谤他。也就是说，君子使民、事君，都要以信任为基础。

《群书治要·傅子》有云："君以信训其臣，则臣以信忠其君；父以信诲其子，则子以信孝其父；夫以信先其妇，则妇以信顺其夫。上秉常以化下，下服常而应上，其不化者，百未有一也。"意思就是君主以诚信来训勉臣子，臣子就会以诚信忠于君主；父亲用诚信来教诲子女，子女就会用诚信孝顺父亲；丈夫用诚信来对待妻子，妻子就会用诚信顺承丈夫。在上位者如果能依循伦常大道来教化下位者，下位者自然会服从常道而顺应上位者，如此上行下效，还有不被教化的人，一百个里面也找不到一个。

《群书治要·体论》有云："色取仁而实违之者，谓之虚；不以诚待其臣而望其臣以诚事己，谓之愚。虚愚之君，未有能得人之死力者也。故书称君为元首，臣为股肱，期其一体相须而成也。"这段话告诉我们，表面上做出仁义而实际是违背的，叫做虚伪；不用真诚来对待自己的臣属，却希望臣属真诚地侍奉自己，叫做愚昧。虚伪愚昧的君主，不可能得到肯效死出力的臣属。所以《尚书》说君主就像是人的头部，臣属就像是人的胳臂和大腿，这是希望君臣能成为一个整体，相互配合使国家大治。

《韩非子·说林》有云："巧诈不如拙诚。"即奸巧诡诈不如朴拙诚实。《尚书》有云："作德，心逸日休。作伪，心劳日拙。"归纳起来，就是积德行善的人，心定神闲而一天比一天更喜悦快乐；作假造恶的人，心思费尽却一天比一天更窘迫困苦。

现代社会讲求"真善美"，诚实守信是处在"真"的层面，不讲求真实，不追求真理，也就无所谓善，无所谓美。对个人而言，要以真立人，以诚待人，以信取人，做到诚实不欺，才能践行道义，才能子勇女惠。对社会而言，要反映真相，要诚信经营，要不欺负老实人，不让老实人吃亏，才能形成风清气正的良好社会生存氛围。对国家而言，也同样以实相待，以诚相交，以信行事，消除信任赤字，还世界以真实的本源，才能大小平等，才能增进世界人民大团结，推进构建人类命运共同体。所以，传承创新中华民族诚实守信的优秀文化基因，以勇敢智慧的精神风貌立足于世界民族之林，引领人类世界朝着更加美好的明天迈进，这是我们中华民族对人类的责任所在。

小信诚则大信立。诚信，乃修身处世之根本、企业发展之基石、社会治理之纲要、文明社会之标志，不论何时何地，都有其永不褪色、超越时空的永恒价值。

一、诚信是处世之本

诚信不但是一种自尊、自重、自爱，更是真实的自我、坦荡的自我、诚信的自我，这是一种光荣。有了火光，才能照亮黑暗，有了诚信，才能立足天下。孔子曰："人而无信，不知其可也。大车无輗，小车无軏，其何以行之哉？"人如果没有信用，真不知道怎么能立足，就像是大车没有了车辕与轭相连的木销子，小车没有车杠与横木相接的销钉，它还可以靠什么行走呢？荀子说："父子为亲矣，不诚则疏。"即使是像父子这样亲密的关系，没有诚信也会疏远。孟子更是把诚信提高到了"五伦"之一的高度，主张"父子有亲，君臣有义，夫妇有别，长幼有序，朋友有信"。对一个将诚实守信作为立身处世之本的人而言，诚信甚至比生命还要重要。

案例一

在春秋时期，有一个叫尾生的男子与女子约定在桥下相会，然而到了约定时间，那个女子却一直没有来，就在这个时候，洪水却不断上涨。为了实现自己的诺言，尾生并没有离开，而是一直等在那里，直到洪水无情地淹没了他，抱桥柱而死。尾生固然有他执拗的一面，但是这个故事从某种程度上也反映了尾生把信守诺言看作是为人处世的最高准则。

案例二

有一天，曾子的妻子要去集市，孩子看到母亲要离开，就哭闹着也要去。妻子见状，便哄骗孩子说，你好好听话，不要跟我去，等我回来了就杀猪给你吃。等到曾子的妻子回来后，吃惊地发现丈夫竟然真的要杀猪，就赶紧跑过去阻止说，我不过是哄骗孩子罢了，你怎么还当真呢？曾子却说，在小孩面前是不能撒谎的，他们年幼无知，经常从父母那里学习知识，如果父母现在说一些欺骗他的话，等于是教他今后去欺骗别人，如果现在哄骗了孩子，那么孩子将来也不会信任父母，这样一来，父母就很难再教育好自己的孩子了。然后，曾子毅然把猪杀了给孩子吃。由此可见，待人要真诚，不能欺骗别人，身教重于言教，哪怕对孩子，也应言而有信，诚实无诈，这样才能教育好孩子，好家风是需要一代一代传承的。

事实上，千百年来中华民族一直将诚信视为千金不易的可贵品质，所谓"君子养心，莫善于诚""诚外无物""宁失千金，不失诚信"，历史上讲求诚信的故事更是比比皆是。

现如今，面对生活中的各种利益和诱惑，我们更应该严守道德、良知和法律底线，以真诚的态度去对待每一个人，既不欺骗自己，也不失信于众，让诚信意识不仅熔铸于我们的信念中，更体现在我们的行为上，并且在与人交往的过程中时刻谨记，牢固坚守。

二、诚信是立业之基

除了对个人品行的塑造以外，诚信在成就事业方面所发挥的作用也是不容忽视的。荀子说："商贾敦悫无诈，则商旅安，货财通，而国求给矣。"诚信可以促使经济发展、商业兴旺、国家繁荣。

在中国历史上，各个朝代都有一些依靠诚实守信而取得巨大成就的著名人物。春秋战国之交的陶朱公范蠡，三次经商均成巨富，而后又三散家财。后世许多生意人都供奉他的塑像，尊其为"中华商祖"。范蠡经商过程中非常重视诚信，流传后世的陶朱公商训、十二戒、经商十八法集中体现了他以诚聚财、以德致富的经商思想。

古代中国商人以"儒商"闻名于世，儒商的基本特征之一就是诚信经营、童叟无欺。明清时期，商品经济非常活跃，在社会上逐渐出现了一些总结经商经验教训和用于经商品德教育的书籍，如《三台万用正宗》《生意世事初阶》等，这些书对诚信的论述可谓是不惜笔墨，至于零散呈现于地方志、家规族谱、文艺作品和个人文集中的反映经商诚信的故事、实例、训言更是比比皆是。

当然，在典籍文献中，也有一些反面的例子，体现了失去信誉所带来的恶果。

案例三

济阴有个商人，在经商的途中不慎落水，大声呼救。有个渔人用船去救他，还没等到那儿，商人就迫不及待地喊："我是济阴的富人，如果你能救我的命，我给你一百两银子！"渔人用船载着他到了岸上，商人却给了渔人十两银子。渔人说："刚才你许诺给一百两，怎么现在却只给十两？"商人听完勃然大怒，气冲冲地说："你一个打鱼的人，一天能赚多少钱？现在却突然得到十两银子，还不知足吗？"渔人只好不高兴地离开了。又一天，那个富人乘船从吕梁顺流而下，船撞到石头上，再次落水，而原来那个渔人就在那里看着。有人说："为什么不救他啊？"渔人说："这就是那个许诺给人酬金而不履行的人！"可见，一个人如果不能够做到诚实守信，便会失去人们对他的信任，落入困境。

明清时期，晋商、徽商、浙商、粤商都以诚信传家立业，引领商业风骚数百年。对现代市场经济而言，诚信更是黄金资产。今天中国的金融经济，规模达到几十万亿元，每笔交易都是依靠信用在流动。在经济全球化进程日益加快的今天，市场竞争日益激烈，企业必须大力开展诚信经营，才能获得更快更好的发展。那些不守信用、不讲诚信的企业，即使一时兴盛，也终将因信用"赤字"而被淘汰出局。

三、诚信是为政之要

诚信在政治生活中也是不可或缺的。晋文公说，"信，国之宝也，民之所庇也"。信用，是国家的宝物，是保护百姓赖以生存的根本。《论语》中说："上好信，则民莫敢不用情。"在上面官员能够待人以信任，那么民众没有敢不真情相待的。

对政府而言，要实现社会长治久安，必须取信于民。子贡曾请教孔子治理国家的方法。"子曰：足食，足兵，民信之矣。子贡曰：必不得而去，于斯三者何先？曰：去兵。子贡曰：必不得而去，于斯二者何先？曰：去食。自古皆有死，民无信不立。"在充足的粮食、充足的军备以及人民的信任三者之间，如果必须去掉一项的话，先去掉军备，再去掉一项的话，去掉粮食，自古以来人总是要死的，这是自然规律，而一旦失信于民，国家就会垮掉。可见，孔子是把"民信"看得比"足食、足兵"更为重要。

案例四

战国初年，秦国秦孝公时期，商鞅担任丞相，为了推行新的法令，让老百姓遵循，就必须要取信于民，得到百姓的支持。于是，商鞅想出一个方法，他命人把三丈高的木头立在国都的南门，说有能把这木头搬到北门的，给予十金的赏赐。百姓感到非常奇怪，哪能这么容易就得到十金，所以就没有人去搬这根木头。随后，商鞅又发布命令，能搬者给予五十金的赏赐。有个人抱着试试看的心理，把这根木头扛到了北门，商鞅马上就给了他五十金，以表明政府诚信不欺。这一立木取信的做法，让秦朝民众相信商鞅言而有信，从而使新法得以顺利地推行实施。后来，同样立志推行改革的宋代大臣王安石写了一首诗来赞扬商鞅："自古驱民在信诚，一言为重百金轻。今人未可非商鞅，商鞅能令政必行。"

诚信是国家长治久安、永续发展的道德支柱。政府诚信作为整个社会诚信体系的基础和核心，发挥着主导和推动作用。社会主义市场经济体系中的诚信建设需要政府来引导，现代工业化、城镇化建设的推进需要政府诚信来保障。政府在社会系统中的特殊地位，必然决定了政府的诚信表现会受到市场主体、广大公众的高度关注，"人无信不立，业无信难兴，政无信必颓"，政府必须以自身诚信为表率，引领社会诚信建设。

诚信是中华民族的传统美德，也是每一个有品行的人必备的品质。我们总说"一诺千金",即答应承诺别人的事,就如千金般贵重,一定要兑现。从这个流传千年的成语里,就能看到"诚信"在我们的传统美德里占据的重要地位了。

《中庸》里讲:"诚者,天之道也。诚之者,人之道也。"这里的"诚",指的是自然界一切实实在在的东西,没有虚假。我们人作为天地万物之灵秀,应该把追求真诚作为立身处世之本。《论语》讲"与朋友交,言而有信""谨而信,泛爱众";曾子说"吾日三省吾身";孟子说"朋友有信",都是在强调诚实守信是人与人之间交往的基础,只有彼此真诚,才能成为朋友。

所以,"诚信"二字需要拆开来看。诚,是内在的品质;信,则是外在的表现。怀着诚实不欺的心,并付诸实际行动,这就是"诚信"。诚信不仅是处世之本,也是立业之基。因为诚信不仅仅是个人品行的重要特质,而且在成就事业方面也发挥着相当大的作用。

进入新时代,我国已经跃升为世界第二大经济体,中华民族伟大复兴中国梦的实现越来越近,我们越来越走近世界舞台的中央。这个时候,我们更应该强化诚信意识、加强诚信建设、打造诚信中国,这对于完善市场经济体系、实现社会稳定、提升国际影响力来说具有重要而深远的意义。

第八讲
忠义爱国好儿女　家国情怀中华魂

中华民族是一个具有浓郁家国情怀的民族，忠孝爱国，忠义爱国，孝是最大的义，对国家的忠与对家庭的爱熔于一炉。

习近平总书记指出："当前，全党全国各族人民正在实现'两个一百年'奋斗目标、实现中华民族伟大复兴中国梦的新长征路上砥砺前行。只有实现中华民族伟大复兴的中国梦，家庭梦才能梦想成真。中国人历来讲求精忠报国，革命战争年代母亲教儿打东洋、妻子送郎上战场，社会主义建设时期先大家后小家、为大家舍小家，都体现着向上的家庭追求，体现着高尚的家国情怀。"[1]

习近平总书记还语重心长地说："希望大家注重家教。家庭是人生的第一个课堂，父母是孩子的第一任老师。孩子们从牙牙学语起开始接受家教，有什么样的家教，就有什么样的人。家庭教育涉及很多方面，但最重要的是品德教育，是如何做人的教育。也就是古人说的'爱子，教之以义方'，'爱之不以道，适所以害之也'。青少年是家庭的未来和希望，更是国家的未来和希望。古人都知道，养不教，父之过。家长应该担负起教育后代的责任。家长特别是父

---

[1] 中共中央党史和文献研究院编：《习近平关于注重家庭家教家风建设论述摘编》，中央文献出版社 2021 年版，第 4 页。

母对子女的影响很大,往往可以影响一个人的一生。中国古代流传下来的孟母三迁、岳母刺字、画荻教子讲的就是这样的故事。我从小就看我妈妈给我买的小人书《岳飞传》,有十几本,其中一本就是讲'岳母刺字',精忠报国在我脑海中留下的印象很深。作为父母和家长,应该把美好的道德观念从小就传递给孩子,引导他们有做人的气节和骨气,帮助他们形成美好心灵,促使他们健康成长,长大后成为对国家和人民有用的人。"①

习近平总书记提到的"岳母刺字",是古代家训家教中传颂忠义爱国之家国情怀的最好体现,是中华民族精神之魂魄,对形成中华民族的凝聚力有极大的影响。岳飞的英雄事迹在民间广为流传,其中"岳母刺字"的故事也极为流行。这个故事所传达的忠孝爱国、忠义报国的精神已经影响了一代又一代人。

"岳母刺字"始见于元人所编的《宋史本传》,书云:"初命何铸鞫之,飞裂裳,以背示铸,有'精忠报国'四大字,深入肤理",也有的说岳母刺的字是"尽忠报国",在河南省辉县市的百泉公园里石壁上刻的就是"尽忠报国"。这个故事是讲,宋元帅宗泽病重,以印信交岳飞代管,吐血而死。杜充奉旨代印,抗金不利,岳飞心情郁闷,私自回家探母。岳母促其回营抗敌,并在岳飞背上刺"精忠报国"四字,使其永以报国为志,终身报效祖国。

后来,经过历代多人演义,丰富了"岳母刺字"的故事内容。故事中讲,岳飞小时候家里非常穷,母亲用树枝在沙地上教他写字,还鼓励他好好锻炼身体。岳飞勤奋好学,不但知识渊博,还练就了一身好武艺,成为文武双全的人才。当时,北方的金兵常常攻打中原,母亲鼓励儿子报效国家,并在他背上刺了"精忠报国"四个大字。孝顺的岳飞不敢忘记母亲的教诲,那四个字成为岳飞终生遵奉的信条。每次作战时,岳飞都会想起"精忠报国"四个大字,由于

---

① 中共中央党史和文献研究院编:《习近平关于注重家庭家教家风建设论述摘编》,中央文献出版社2021年版,第18页。

他勇猛善战，取得了很多战役的胜利，立了不少功劳，名声也传遍了大江南北。

岳飞的母亲姚太夫人是中国古代四大贤母之一，她作为母教典范和妇女楷模，在国家危亡之际，励子从戎，精忠报国，被传为佳话，世尊贤母。这也是习近平总书记反复强调的妇女在家庭教育和家风传承方面有独特作用的历史依据。

习近平总书记在讲到注重家庭注重家教注重家风时，还列举了"画荻教子"的故事，与岳飞的"武"状元相对应，它成就了中华文化顶峰时代的一座"文豪"丰碑。"画荻教子"的故事出自《宋史·欧阳修传》："家贫，致以荻画地学书。"欧阳修的母亲郑夫人，出身于江南名门望族。她只读过几天书，但却是一位有毅力、有见识、又肯吃苦的母亲。公元1010年，欧阳修的父亲欧阳观在调任泰州（今江苏省泰州市）军事推官时，因病猝死于泰州官舍。欧阳观生前居官清正廉洁，为人刚正仁厚，乐于施舍和接济于人，家中竟无一间瓦房、一块田地，俸禄仅能维持一家四口的粗茶淡饭。欧阳修的父亲欧阳观病逝以后，已是一双儿女母亲的郑夫人陷入了困境，为生活所迫，她只好携儿带女投奔在随州（今湖北省随州市）时任推官欧阳修的二叔欧阳晔。到达随州以后，郑夫人母子三人得到了叔父欧阳晔生活上的鼎力相助。郑夫人在欧阳修叔父家中开始对欧阳修进行早期教育。郑夫人为减轻欧阳晔的经济负担，一方面勤俭持家，尽最大努力自食其力；另一方面因无力聘请私塾先生，郑夫人便自己担起了儿子启蒙教师的重担，用自己掌握的知识对欧阳修进行文化启蒙教育。当时随州城外的涡水河畔，生长着一大片荻草，而荻草的茎秆坚韧如木。郑夫人为节省开支，便经常把年幼的欧阳修带到河边的沙滩上，折来荻秆作笔，以沙滩为纸，席地而坐，手把手教年幼的欧阳修识字写字。在回家的时候，郑夫人还会折上一大把荻秆带回家，找来一个大木盆，盛上河沙，用荻秆继续在沙盆里教欧阳修习文写字。郑夫人的谆谆教诲以及生活的艰辛，致使欧阳修从小就勤奋好学，聪颖过人，所读之书过目不忘。郑夫人成就了历史上一段"画荻教子"的千古佳话，也为欧阳修日后成为北宋文坛盟主奠定了坚实的基础。正是有了郑氏的"画荻教子"，才有了一代文豪欧阳修一生的忠义爱国，为中华优秀传统文化的发展，创造了一股生机盎然的力量。欧阳修也因此成为了一代文章宗师。

在中华文明5000多年的历史进程中，无数的家族家训、家风传承典籍都把忠义报国、忠孝爱国作为大仁、大义、大爱来颂扬，作为教育子女、激励后人的精神力量来发扬，这也是中华民族在遭受无数难以想象的磨难、危机和挑战之后，仍然能够团结一致、齐心协力、自强不息、刚健有为地巍然屹立于世界民族之林的重要原因。由古代传统的忠义报国、忠孝爱国的文化基因发展起来的爱国主义，是中华民族的精神标识，也是中国共产党永恒的旗帜。

为中国人民谋幸福，为中华民族谋复兴，为人类世界谋大同，是中国共产党人的历史使命。自中国共产党成立以来，100多年的风雨漂泊，100多年的砥砺前行，始终高扬的旗帜就是爱国主义。我们党成立之初，国家正处于军阀割据、外患深重、民不聊生的局面。中国共产党义无反顾，肩负起民族独立和解放的重任。中国共产党人将马克思主义普遍原理与中国革命实践相结合，升华了马克思主义，探索出了符合中国国情的民族解放道路。经过28年的不懈努力，一举推翻了帝国主义、封建主义、官僚资本主义三座大山的压迫，成立了新中国，结束了外国侵略者架起几尊大炮就可以在中华大地上耀武扬威的历史。新民主主义革命时期，爱国主义是支撑共产党人前赴后继，投身中国革命实践的强大信念。纵观无数共产党人的一生，支撑其生命火花的强大精神力量，当数蕴含在内心深处的深厚的爱国情怀。

在沈阳东关模范小学的小小课堂中，少年周恩来发出了"为中华之崛起而读书"的呐喊。少年邓小平怀抱着"工业救国"的梦想，漂洋过海，到达法国勤工俭学，在实践中成为一名优秀的共产党员。像周恩来、邓小平一样的共产党人还有许多，他们都忧国忧民、志向远大，不仅心存梦想，而且努力为梦想去奋斗。

新中国成立之后，中国共产党就把实现中华民族富强的重任扛在肩上。党带领人民建立起人民民主专政的国家政权，近代以来中国人民第一次掌握了自己的命运。面对"一穷二白"、积贫积弱、外国封锁的局面，我们党带领全国各族人民进行社会主义革命和建设，新中国成立后近30年间，建立起独立的比较完整的工业体系和国民经济体系，取得了以"两弹一星"为标志的重大成就，为经济独立自主、持续发展奠定了牢固的物质技术基础。改革开放后，我们党团结带领中国人民开辟了中国特色社会主义道路，中华民族迎来了从站起来、富起来到强起来的伟大飞跃，亿万中国人民过上了富足安康的幸福生活。

改革开放40多年来，我国国内生产总值跃居世界第二位，建立了全世界最完整的现代工业体系，各项工业产品和农产品的产量跃居世界前列，科技创新不断涌现，重大工程捷报频传。现在我国是制造业第一大国、货物贸易第一大国、商品消费第二大国、外资流入第二大国，我国外汇储备连续多年位居世界第一。

为了不断改善人民生活、增进人民福祉，我们建成了包括养老、医疗、低保、住房在内的世界最大的社会保障体系，全面推进幼有所育、学有所教、劳有所得、病有所医、老有所养、住有所居、弱有所扶。脱贫攻坚目标任务如期完成，数以千万计的人民摆脱贫困，创造了人类减贫史上的奇迹，中国人民在富起来、强起来的征程上迈出了决定性的步伐，新时代、新征程，新担当、新作为。爱国主义精神是新时代全面建成小康社会，实现第一个百年奋斗目标的重要精神支撑。

2020年面对新冠疫情的暴发，以习近平同志为核心的党中央团结带领全国各族人民众志成城、迎难而上，在世界上率先控制住了疫情蔓延，一个重要依托就是爱国主义精神。在爱国主义精神下，演绎了无数可歌可泣、扣人心弦的动人事迹。尤其是在武汉疫情暴发期间，广大医务工作者不畏艰辛、义无反顾，从四面八方、天南海北齐聚武汉，支持武汉人民抗疫。在党和政府的领导组织下，众多建筑工人舍弃回家过年团圆的机会，舍小家为大家，不怕苦，不怕累，敢于拼搏，用了十几天就建成火神山医院和雷神山医院，创造了建筑史上的奇迹。广大人民群众听从党和国家的领导，自觉遵循防疫要求，减少社会交往，主动戴口罩，用实际行动支持全国的抗疫。在疫情防控的艰难时期，脱贫攻坚工作仍然紧锣密鼓地进行，广大扶贫干部深入一线，走进困难百姓中间，为百姓脱贫想方法、谋思路，帮助困难群众摘掉贫困帽子。在这些扶贫干部中，有的家有老人需要照料，有的孩子依然年幼，有的面临着其他生活困难，但是他们依然日复一日、年复一年奔波在脱贫攻坚一线。

2020年夏天，在西北边陲的国防一线，英雄的战士们为了保卫祖国的领土，为了守卫祖国的大门，与外军进行英勇搏斗，团长祁发宝身负重伤，营长陈红军和战士陈祥榕、肖思远、王焯冉壮烈牺牲。这一切都源于他们对祖国对人民的挚爱，是爱国主义精神的具体体现，在其他的生产和建设领域，爱国主义精神同样结出累累硕果。

我国在全球主要经济体中率先实现经济正增长，全面建成小康社会取得伟大历史性成就，"十三五"规划圆满收官，各项事业取得新的重大成就。对于这些成就的取得，爱国精神是动力，爱国精神是引力，爱国精神也是合力，汇合无数的力量，建设祖国。"爱国主义是中华民族的民族心、民族魂"。爱国主义始终是激昂奋进的主旋律，是中华民族团结奋斗、自强不息的精神纽带，是激励中华民族团结奋斗的旗帜，是推动中华民族历史不断前进的磅礴力量。爱国主义应该成为每一个中国人的坚定信念和精神依靠，爱国主义精神构筑起了中华民族的脊梁。爱国情怀，是对国家和民族所表现出来的深情大爱，是对国家一种高度认同感和归属感、责任感和使命感的集中体现。对一个国家、一个民族来讲，爱国主义是一面永不褪色的旗帜，是一支凝聚人心的火炬。只要我们心中有祖国，只要我们始终高扬爱国主义伟大旗帜，无论我们身在何处，以何种方式，都能使自己成为一名正气凛然的爱国者！伟大的事业，需要伟大的精神；伟大的精神，成就伟大的事业。

纵观历史，从林则徐到谭嗣同，从孙中山到黄兴，无数仁人志士秉承忠义报国、忠孝爱国的坚定意志，为实现中华民族伟大复兴进行了不屈不挠的斗争。中国共产党成立后，团结带领人民前仆后继、顽强奋斗，把贫穷落后的旧中国变成日益走向繁荣富强的新中国。

进入新时代，中华民族迎来了前所未有的复兴时机，比历史上任何时期都更接近实现伟大复兴的目标。同时也应该看到，伟大复兴绝不是轻轻松松、敲锣打鼓就能实现的，需要付出更为艰巨、更为艰苦的努力。在新的历史时期，我们更需要大力弘扬忠义、忠孝精神，发扬爱国主义精神，高扬爱国主义旗帜，让社会主义核心价值观深入人心，让爱国成为每一个中国人的内在品质，让爱国成为每一个中国人的内心呼声，中华民族就一定能够战胜前进道路上的各种艰难险阻，创造出无愧于人民、无愧于时代、无愧于历史的丰功伟绩，汇聚起实现中华民族伟大复兴的磅礴力量。

第九讲
诗意词语论家教　流传后人传佳话

中华民族历来重视家庭教育。习近平总书记指出："中国人一直赞美贤妻良母、相夫教子、勤俭持家，这些是中华民族传统优秀文化的重要组成部分。"①习近平总书记在谈到这些优良品德和良好家教家风时，常引用诗词来描述阐释。在表达中国人家庭情结时，他引用了"慈母手中线，游子身上衣。临行密密缝，意恐迟迟归。谁言寸草心，报得三春晖"。在谈到节约粮食要从娃娃抓起，他引用了"锄禾日当午，汗滴禾下土。谁知盘中餐，粒粒皆辛苦"。在讲到从小要养成好思想、好品德，不攀比奢侈，不攀比父母，要比谁更有志气、谁更勤奋学习、谁更热爱劳动、谁更爱锻炼身体、谁更有爱心时，他引用了"少年辛苦终身事，莫向光阴惰寸功""自古雄才多磨砺，从来纨绔少伟男"等诗句。在赞美周恩来一生心底无私、天下为公的高尚人格时，他引用了"大贤秉高鉴，公烛无私光"诗句。

首先，让我们一起来领略习近平总书记引用诗句的精神内涵，丰富我们对家庭家教家风重要性的认识。

---

① 中共中央党史和文献研究院编：《习近平关于注重家庭家教家风建设论述摘编》，中央文献出版社2021年版，第9页。

在孟郊的《游子吟》中我们看到了伟大的母爱和温暖的家庭画面：慈祥的母亲手里把着针线，在幽暗的灯下，为将远行的孩子赶制新衣；母亲把新衣缝得严严实实，是担心孩子此去难得回归。谁能说像小草的那点孝心，可报答春晖般的慈母恩惠？诗中亲切真情地吟诵了伟大的人性美——母爱。全诗无华丽的辞藻，亦无巧琢雕饰，清新流畅，淳朴素淡的语言中，饱含着浓郁醇美的诗味，情真意切，千百年来拨动多少读者的心弦，引起万千游子的共鸣和对家庭的热爱！

在李绅的《悯农》诗中我们看到了头顶着炎炎烈日的农民正在为禾苗除草，颗颗汗珠洒落入禾苗下种的泥土；又有谁知道那盘中美味的米饭，每一粒都饱含着农民劳动的艰辛。诗中写了劳动的艰辛，劳动果实来之不易，"谁知盘中餐，粒粒皆辛苦"的感叹和告诫，不再是空洞抽象的说教，而成为有血有肉、意蕴深远的格言，它告诉人们应该节约食物，珍惜粮食。

现代诗人王宝池的《劝学》全文是："学林探路贵涉远，无人迹处有奇观。自古雄才多砥砺，从来纨绔少伟男。书山妙景勤为径，知渊阳春苦作弦。风流肯落他人后，气岸遥凌豪士前。"诗句所表达的意境是，在学习的道路上，贵在钻研深奥的知识，就像探险人迹罕至的地方，常常有奇伟瑰丽的景观；自古以来，英雄总要经过磨砺，从来纨绔子弟中不会出现伟大的人；读书在于勤，荒于嬉，乐于吃苦，善于吃苦，在风流方面甘愿落于人后，但在气度方面却舍我其谁，领先于其他优秀的人。

唐朝诗人杜荀鹤的《题弟侄书堂》全文是："何事居穷道不穷，乱时还与静时同。家山虽在干戈地，弟侄常修礼乐风。窗竹影摇书案上，野泉声入砚池中。少年辛苦终身事，莫向光阴惰寸功。"诗意表达的是，虽然处境困顿，但知识却没有变少；尽管外面已经战乱纷纷，我还是与往常一样努力学习；故乡虽然战火纷飞，可是弟侄还在接受儒家思想的教化；窗外竹子的影子还在书桌上摇摆，砚台中的墨水好像发出了野外泉水的叮咚声；年轻时候的努力是有益终身的大事，对着匆匆逝去的光阴，丝毫不要放松自己的努力。这首诗告诫弟侄——少年时期辛苦学习，将为一生的事业扎下根基，切莫有丝毫懒惰，不要浪费了大好光阴。诗句教诲人们，年轻时不要怕经历辛苦磨难，只有这样才能为终身事业打下基础，绝不能像有的年轻人那样认为光阴无限，可以不断索取，寸寸浪掷！寸功会在怠惰中失去，终身事业也就寸寸丧失；"寸功"极小，"终身事"极大，然而，极大却正是极小日积月累的结果！

唐朝诗人孟郊的《上达奚舍人》全文是："北山少日月，草木苦风霜。贫士在重坎，食梅有酸肠。万俗皆走圆，一身犹学方。常恐众毁至，春叶成秋黄。大贤秉高鉴，公烛无私光。暗室晓未及，幽行涕空行。"这首五言古体诗类似于现在的自荐信，因为孟郊一生命运多舛，仕途坎坷，希望通过向达奚舍人呈献诗文，展示自己的才华和抱负，以求引荐。首二句点出诗人所在的洛阳北邙山的自然环境，侧面烘托出诗人内心的孤寂和愁苦。接着"贫士在重坎，食梅有酸肠"，写出了诗人所处的社会环境；"万俗皆走圆，一身犹学方"，世人都纷纷处世圆滑，而自己仍一身方正，不随俗流；"常恐众毁至，春叶成秋黄"，诗人抱道不移，然而出离世俗，难免要陷入仕途失意、遭谗被弃的窘境；"大贤秉高鉴，公烛无私光"，大贤（指达奚舍人）正大光明如明镜高悬，公烛普照大地并无私偏。最后两句"暗室晓未及，幽行涕空行"，与前文呼应，再次写出了自己的窘困处境。

关于"公烛无私光"，据南宋诗人周紫芝《竹坡诗话》记载，北宋时有位李姓博州太守为官极其廉洁，公私分明。一天晚上，突然收到京城一位上司的来信，他连忙吩咐公差点亮蜡烛阅读。谁知读了一半，他又让公差赶紧吹灭官家的蜡烛，把自家的蜡烛点上。原来，那封信的后半部谈的是其京城家属的近况，故而"公烛之下，不展家书"。这不禁让我们想起现在的中国原子能研究院的一位老院士，当他演算公式工作时，用单位配给的墨水、稿纸，而在写私人信件时，则用自己购买的墨水、稿纸，严格做到公私分明，不占公家一丝的便宜。

中华民族是具有诗情画意的民族，中国是善于表达的诗词大国，流传于世的诗文词语中，不乏歌颂家庭和睦相爱、教子读书做人做事、论述立志明心养性、传递家训家教家风的好诗好词。让我们一起来撷取其中的少许，赏析内涵，陶冶情操，帮助我们加深对重视家庭、家教、家风建设重要性的认识。

《诗经·小雅·车舝》里有"高山仰止，景行行止。虽不能尔，至心尚之。汝其慎哉，吾复何言！"西汉时期的司马迁在《史记·孔子世家》中引用这段话来赞美孔子，把"高山"比喻崇高的道德，"仰"是仰慕，"景行"是"明行"，即光明正大的行为，是人们行动的准则。诗句表达了高尚品德如巍巍高山让人仰慕，光明言行似通天大道使人遵循，虽然不能达到上面所描写的境界，但心里也知道了努力的方向。再后来，晋代的陶渊明在《与子俨等疏》引用了这个诗句，教导他的子孙后代要谨记，对古人崇高的道德要像敬仰高山那样，对古人的高尚行为要随时效法和遵行。

李白在《送外甥郑灌从军三首》中写道，"六博争雄好彩来，金盘一掷万人开。丈夫赌命报天子，当斩胡头衣锦回。丈八蛇矛出陇西，弯弧拂箭白猿啼。破胡必用龙韬策，积甲应将熊耳齐。月蚀西方破敌时，及瓜归日未应迟。斩胡血变黄河水，枭首当悬白鹊旗"。李白鼓励外甥要像大丈夫一样，决胜负在战场，用生命报效天子，手斩胡人头颅而立功归来。教导外甥做一个胸怀壮志的好男子，报效祖国，英勇杀敌，得胜归来，不辜负乡亲的期望。

杜甫在给次子《又示宗武》的五言诗中写道，"觅句新知律，摊书解满床。试吟青玉案，莫羡紫罗囊。假日从时饮，明年共我长。应须饱经术，已似爱文章。十五男儿志，三千弟子行。曾参与游夏，达者得升堂"。杜甫在诗中表达了一个父亲对儿子读书、学习、成长寄予的无限期望，诗意大致是：你最近已经懂得按律写诗，也会摊开书本坐在桌前看书了；你应该试着吟诵像张衡《四愁诗》那样的古诗，而不要羡慕谢玄玩香囊一类的嬉戏；只有休息的日子才能偶尔饮一次酒，明年你就长得和我一般高了；你这个年龄应该饱读诗书，辞章之学的妙处，你似乎已经领悟了；15岁的年纪，正是男儿立志向学的时候，孔子三千弟子，只有曾参、子夏、子游这样学得通达的人，才能登堂入室。

　　白居易《狂言示诸侄》里写道，"世欺不识字，我攻文笔。世欺不得官，我忝居班秩。人老多病苦，我今幸无疾。人老多忧累，我今婚嫁毕。心安不移转，身泰无牵率。所以十年来，形神闲且逸。况当垂老岁，所要无多物。一裘暖过冬，一饭饱终日。勿言舍宅小，不过寝一室。何用鞍马多，不能骑两匹。如我优幸身，人中十有七。如我知足心，人中百无一。傍观愚亦见，当己贤多失。不敢论他人，狂言示诸侄"。诗意大致说，世人欺我不识字，我却有愧于从事于文章的笔法和写作技巧的钻研；世人欺我不得官位，我却有愧于做了一个有官位品级的人。别人年纪大了，多了一些病痛苦难，我却庆幸自己至今也没病没痛；别人年纪老了，多了一些忧虑，我的儿女婚嫁现在已处理完毕。所以我的心情和身体也平平安安没有什么可以牵挂的。因而近十年来，我的容貌和精神都较安闲而无所用心。何况我早已进入了老年，所需要的物品并不太多：一件皮衣服就能温暖地过冬，一顿饭吃下去整天都是饱饱的。不要说自家的宅舍小了，每晚也不过只睡一间房屋。哪里用得上那么多的马鞍，一个人又不能骑两匹马。像我这样良好幸运的身体状况，在十个人当中有七个；像我这样知足的心理状态，在一百人当中也没有一个。如果作为旁观者，即使是愚蠢的人也会看到我这一点。如果轮到要自己做到知足常乐，即使是贤能的也会有过失，也是不容易做到的。我不敢随便去议论他人，我这些狂妄之言只是想告诉你们这些侄儿们。白居易《狂言示诸侄》把"独善"的主旨渗透到教子生活中，阐述了自己生活和精神等各个方面，表达了自己"知足常乐"的心境，同时教育后辈也要懂得知足常乐，不要纵情嗜欲，否则会害了自己。

　　苏轼在《送子由使契丹》诗中写道："云海相望寄此身，那因远适更沾巾。不辞驿骑凌风雪，要使天骄识凤麟。沙漠回看清禁月，湖山应梦武林春。单于若问君家世，莫道中朝第一人。"这是北宋文学家苏轼创作的一首七言律诗。诗中抒写了兄弟远离的惜别之情，并以壮语鼓励弟弟：所以不辞辛劳不畏严寒出使，为的是使异族之邦了解宋朝杰出的人才和高度的文明。诗中又以想象之笔写出弟弟在异国他乡思念京都、思念兄长的情景，且谆谆嘱咐其切勿承认苏氏父子是最佳的人才，因为中原人才济济，不一而足。这首诗饱含着诗人热爱国家民族、努力维护朝廷声誉的深厚感情，具有浓郁的家国情怀。

明代大戏剧家汤显祖有五子，他在写给孩子们的《智志咏示子》一诗中说道："有志方有智，有智方有志。惰士鲜明体，昏人无出意。兼兹庶其立，缺之安所诣。珍重少年人，努力天下事。"这首诗从"志"与"智"的关系来告诫他们，要智志并重，努力做好天下事。

近代民族英雄林则徐在《赴戍登程口占示家人二首》诗句中表现了以国家、民族利益为重和不计个人得失的家国情怀，至今仍然是我们注重家庭、注重家教、注重家风最好的榜样。诗中写道，"出门一笑莫心哀，浩荡襟怀到处开。时事难从无过立，达官非自有生来。风涛回首空三岛，尘壤从头数九垓。休信儿童轻薄语，嗤他赵老送灯台。力微任重久神疲，再竭衰庸定不支。苟利国家生死以，岂因祸福避趋之。谪居正是君恩厚，养拙刚于戍卒宜。戏与山妻谈故事，试吟断送老头皮"。林则徐在诗中告诉他的家人，他要离家外出去远行，无论到哪里，都会敞开宽阔的胸怀，我们要乐观旷达，心里不要难受悲哀。世上的大事、国家的大事，是很难从没有过错中成功的，就连高官达贵也不是天生得来。回想我在广东那轰轰烈烈的禁烟抗英，我蔑视英国侵略者；从今以后，我将游历祖国大地，观察形势，数历山川。不要理会那班人幸灾乐祸、冷嘲热讽，鄙弃那些"赵老送灯台"之类的浑话。我能力低微而肩负重任，早已感到筋疲力尽。一再担当重任，以我衰老之躯，平庸之才，是定然不能支撑了。如果对国家有利，我可以不顾生死。岂能因祸而逃避，见福就趋附呢？我被流放伊犁，正是君恩高厚。我还是退隐不仕，当一名戍卒适宜。我开着玩笑，同老妻谈起《东坡志林》所记宋真宗召对杨朴和苏东坡赴诏狱的故事，说你不妨吟诵一下"这回断送老头皮"那首诗来为我送行。诗中表达的作者愿为国献身、不计个人得失的崇高精神，永远值得我们后人牢记和学习。

第十讲
历代家训藏基因　家庭文明永赓续

　　家庭文明的建设要靠中华民族精神文化的涵养，要靠中华优秀传统文化的滋养，要靠一个个家庭抓好家教并对良好家风的传承发扬。2016年12月12日，习近平总书记在会见第一届全国文明家庭代表时的讲话中指出，"诸葛亮诫子格言、颜氏家训、朱子家训等，都是在倡导一种家风。毛泽东、周恩来、朱德等老一辈革命家都高度重视家风。我看了很多革命烈士留给子女的遗言，谆谆嘱托，殷殷希望，十分感人"[1]。习近平总书记在中央军委"三严三实"专题民主生活会上的讲话中也强调，"最近，我反复强调家风问题。大家仔细看一看'家'和'冢'这两个字，它们很像，区别就在于那个'点'摆在什么位置。这就像家庭建设一样，对家属子女要求高一点才能成为幸福之家，低一点就可能葬送一个好家庭"[2]。历史和现实都说明，严格家教，弘扬良好家风，搞好家庭建设，是实现家庭幸福美满的重要途径。这方面古人给我们留下了丰厚的精神文化遗产，

---

[1] 中共中央党史和文献研究院编：《习近平关于注重家庭家教家风建设论述摘编》，中央文献出版社2021年版，第24页。

[2] 中共中央党史和文献研究院编：《习近平关于注重家庭家教家风建设论述摘编》，中央文献出版社2021年版，第35页。

有家诫家训、遗令遗嘱、家书家教、诗词歌赋等，蕴涵着丰富的人生智慧和学习教育价值，值得我们继承和发扬光大，值得我们创造性转化为推动当代社会进步的精神力量。

资料显示，周公的《诫伯禽》应该是中国有文字记载以来的第一篇家训，迄今有3000多年的历史了。据不完全统计，自西周的《诫伯禽》第一篇家训起，至近现代的《傅雷家书》止，有208个人（家）写有240多篇的家训、遗令诫言、家风格言、示子诗书、启蒙家书等，其中，先秦有9篇，两汉与三国时期有38篇，两晋与南北朝有24篇，隋唐有28篇，宋金元有40篇，明朝有48篇，清朝有45篇，近现代有10篇。

首先分享《诫子格言》《颜氏家训》《朱子家训》。

"功盖分三国，名成八阵图"的诸葛亮，不仅是政治家、军事家，还是一位品格高尚、学识渊博的父亲，他在54岁临终前写给八岁儿子诸葛瞻的一封家书，成为历代学子修身立志的名篇。这封家书简练严谨，充满智慧，句句经典，堪称家训中的经典之作。这里我们重点分享其中的三句格言、名言。

第一句是"夫君子之行，静以修身，俭以养德"。就是说君子要从宁静中提高自己的修养，从节俭中培养自己的品德。老子在《道德经》中说道："归根曰静，静曰复命，复命曰常，知常曰明"，人只有静下心来，才能回归生命的本源，才能发现我们的本性，了解了本性，就会明白万物一体的道理，也就清楚了万事万物的客观规律，个人的智慧德能就会有所提高。我们看到修行的人经常参禅打坐、诵经拜佛，最主要的目的就是为了达到那个"静"的状态。古人教育小孩，从小就让他读诵经典，也是为了让小孩的心能静下来。只有静下心来，才能生起智慧，"旁观者清，当局者迷"，就是因为旁观者心里相对比较清静，而当局者心里就比较浮躁、混乱，处理起事情来就容易失去理智。"人到无求品自高"，人的欲望降低到最低点，道德品行自然就高尚了。颜回有云："一箪食，一瓢饮，在陋巷，人不堪其忧，回也不改其乐"，颜回的生活，可以说简单得不能再简单了，就这样，人家过得还很快乐，就是因为他一心都扑在学习圣贤学问和提高自己修养品行上。我们要想提高自己的品行修养，一定要从节俭做起，不要去追求物质享受。

第二句是"非淡泊无以明志，非宁静无以致远"。做不到清心寡欲，习惯不了过平凡清淡的生活，就无法确立人生的志向。如果静不下心来，不能排除外来的干扰，也无法达成远大的目标。古往今来，知识分子很多，学习圣贤学问的人也很多，但能成圣成贤的却不多，为什么？就是做不到"淡泊"二字。比如，最近几年自媒体很火，很多人就把控不住，忘记初衷了。刚开始读书写文章，起心动念还算纯净，就是为了学习圣贤文化，陶冶情操，顺便把心得分享给大家，锻炼自己的文笔，纯属个人兴趣爱好。但后来发现其中有利可图，流量就可以变现，知识可以赚钱，并且利润丰厚，就抵制不住诱惑了。书也不用心去读了，文章也不用心去写了，那干什么呢？专门在标题上下功夫，怎么吸引人怎么来，怎么能获得流量怎么来。不再专注文章内容本身，而是专注于平台推荐机制，专门研究媒体平台的漏洞，想尽一切办法获得平台更多的推荐，这就叫不务正业了。为什么禁不住外界的诱惑呢？还是因为我们的心太浮躁了，太急功近利了。看到别人随便写篇文章可能就收益很多，我们的心就平静不下来了，书也读不下去了，也想跟人家学套路，钻漏洞，赚流量，这就离我们读书做学问的目标越来越远了。所以，我们一定要保持心灵的宁静，不被外界所扰，不为名利所动，才能专心致志地做学问，才能达成我们远大的人生目标。

第三句是"淫慢则不能励精，险躁则不能治性"。放纵懒散，就无法精进；急躁冒险，就无法陶冶性情。俗话说"笨鸟先飞"，不怕笨，就怕懒。人只要一懒散下来，沉迷于吃喝玩乐，贪图享受，好逸恶劳，就算你再聪明，也会堕落下去，不再进步，早晚为社会所淘汰。古人说"欲速则不达"，太懒散不行，太冒进也不行。喜欢追求刺激，喜欢冒险，内心浮躁，急功近利，就很难陶冶自己的性情。为什么古人喜欢琴棋书画？就是因为要学好这些东西，都必须做到一点，那就是"慢"。你要是心浮气躁，哪样都学不好，古人教小孩学这四样，就是为了磨炼他的性情。为人处世也是一样，事缓则圆，越是急躁，事就越办不好，会越忙越乱。

从《诫子书》这部家训中，可以看出诸葛亮是一位品格高洁、才学渊博的父亲。他对儿子的殷殷教诲与无限期望一览无余，将普天下为人父者的爱子之情表达得非常深切，成为后世历代学子修身立志的名篇佳作。诸葛亮的家教门风，深深地影响了后世子孙，后世子孙为官为政者，从未出现过贪赃枉法的官员。

《颜氏家训》是南北朝时期颜之推记述个人经历、思想、学识以告诫子孙的著作，七卷，共二十篇，是他在隋灭陈（589年）以后完成的。他结合自己的人生经历、处世哲学，写成《颜氏家训》一书告诫子孙。《颜氏家训》是我国历史上第一部内容丰富、体系宏大的家训，也是一部学术著作。这本书的内容涉及诸多领域，强调教育体系应以儒学为核心，阐述立身治家的方法，尤其注重对孩子的早期教育，并对儒学、文学、佛学、历史、文字、民俗、社会、伦理等方面提出了自己独到的见解。文章内容平实，语言流畅，具有一种独特的朴实风格，对后世的影响颇为深远。

《颜氏家训》对中国当代社会尤其是家庭教育有着以下启示。第一，重视早期教育，把握好家庭教育的角色。家庭是最为重要的教育场所，《颜氏家训》非常重视家庭的教育功能，特别强调要重视早期教育。做父母的，不要以为先贤圣哲说的道理，让孩子背会了孩子就能够做到。因为年代久远，孩子虽然对他们有权威认同，但是由于没有足够的感情认同，执行的效果往往不尽如人意。所以，教育孩子，需要掌握好说教的角色，尤其是父母。有关人生、有关幸福、有关如何做人的事情，父母应该多和孩子交流和沟通。要注意采用孩子能够接受的方式来沟通和引导，需要注意身教胜于言传，把提要求变成提供支持，很多家长和老师习惯于用指责和控诉来代替沟通和引导，这是不对的。

当前社会的家庭教育存在忽略个体差别，通过比较、排名等方式过分向成绩领先的孩子看齐的现象，这也是存在问题的。孩子的成长本来就存在个体差异，教育要"守道待时"，把握住孩子成长的关键期，绝不可揠苗助长。《颜氏家训》还提到父母要有公平公正之心，偏爱和偏心对于孩子的成长都是有害的。在现代教育中，这种观点可以进一步引申为要尊重孩子的多元化和差异化，要用多元化、差异化的眼光去看待孩子的优缺点。现代社会是多元的社会，成功的路径不止一条，有多少张脸，就有多少个成功的模式；有多少名字，就有多少条幸福的道路。

第二，"教"重于"养"，品格教育重于技能培养。现代社会中，家庭、学校、社会是教育的三个主要场所。而现代化的生活方式决定了孩子的教育主要由学校和社会来完成，使许多家长偏重于"养"，而不重视"教"。重视物质上的满足，忽视品行上的教育，认为给孩子吃饱穿暖就可以了，竭尽所能为孩子提供物质上的满足，认为教育是学校和社会的事情。这种认识就大错特错了，"养不教，父之过"，对于孩子的教育培养，引导孩子正确处理与他人的关系，正确认识自己的人生，树立正确的三观，走好人生的第一步，更应该是由家长来完成的事情，而不能全部推给学校和社会。

现代许多父母还容易犯的一个认知错误，就是过分强调对孩子"知识技能"的培养而忽视品行上的教育。正如《颜氏家训》中也谈到的，"汝曹宜以传业扬名为务，不可顾恋朽壤"，教育后人要做事业，做有意义的事情，要修身扬名，要传道立事，这样才能不愧于生命、不愧于祖先、不愧于后人。所以，现代家庭教育不仅应该关注孩子的生活和身体健康，更应该注重孩子的品格培养，因为决定孩子一生的，不是学识、才华、能力、财富，而是健全的人格，高尚的品行素养、良好的行为习惯。蔡元培先生在《中国人的修养》一书中说道：决定孩子一生的不是学习成绩，而是健全的人格修养！让这些优良的品德，就像播撒在心中的一粒种子，扎根、发芽、开花，最后结出丰硕的累累果实。要给孩子讲讲人生的问题，讲讲生命的意义，告诉孩子如何真正成为一个活得有价值有意义的人。

第三，做好情绪管理，保持良好心态。《颜氏家训》中提到"宇宙可臻其极，情性不知其穷""唯在少欲知足，为立涯限尔"。告诫子孙在贪欲面前一定要"止足"，要划清欲望的边界。同时父母在教育孩子的时候也要懂得"知足"的道理。知足者富，知足者不辱，知足者常乐。

当今社会物质财富极大丰富，孩子们缺乏自控力，会有很多的诱惑、需求和欲望，而许多家庭对孩子的任何需求都处于一种过量满足的状态，而忘记了溺爱不是爱，而是害的道理。《颜氏家训》中有许多强调要明理节欲，以及知足少欲的思想，可以总结为八个字，"欲不可纵，志不可满"。欲不可纵讲的是培养自控力，志不可满讲的是情绪态度上的谦虚谨慎。

《颜氏家训》对后世具有重要影响，特别是宋代以后，影响更大。宋代朱熹的《小学》，清代陈宏谋的《养正遗规》等，都曾取材于《颜氏家训》。不只朱、陈二人，唐代以后出现的数十种家训，莫不直接或间接地受到《颜氏家训》的影响，南宋藏书家、目录学家陈振孙誉之为"古今家训之祖"，明代学者王三聘说，"古今家训，以此为祖"。从《颜氏家训》之多次重刻，虽历千余年而不佚，更可见其影响深远。

作为中国传统社会的典范教材，《颜氏家训》直接开启了后世"家训"之先河，是中国古代家庭教育理论宝库中的一份珍贵遗产。颜之推并无赫赫之功，也未列显官之位，却因一部《颜氏家训》而享千秋盛名，由此可见其家训的影响之大。作为中国文化史上的一部重要典籍，该书不仅表现在"质而明，详而要，平而不诡"的文章风格上，以及"兼论字画音训，并考证典故，品第文艺"的内容方面，而且还表现在"述立身治家之法，辨正时俗之谬"的现世精神上。因此，历代学者对该书推崇备至，视之为垂训子孙以及家庭教育的典范。

历史上比较有名的家训还有天下家法第一文典的《郑氏家范》，练成千年第一世家的《钱氏家训》，劝人"立命、改过、积善、谦德"的《了凡四训》，传递家族文化绵延千载秘诀的《谢氏家训》，号称后生之药石的《放翁家训》，帝王家训的代表作《诫皇属》，等等。我们再择其一二与大家分享。

堪称天下家法第一文典的《郑氏家范》，依托于儒家伦理哲学，将儒家的"孝义"理念转换成操作性极强的宗族行为规范，其内容涉及家政管理、子孙教育、冠婚丧祭、生活学习、为人处世等方方面面。郑氏家族第五世郑文融在父辈治家实践基础上制定了《郑氏家规》的雏形——《家规58条》。此后，明代开国文臣宋濂为"郑义门"参酌审定了《郑氏家范》168条，构成了郑氏二十世同居的家庭法典。《郑氏家范》中治家、教子、修身、处世的家规族训以及极具特色的教化实践，对中国古代家族制度的巩固发展，对中国封建社会后期的稳定和儒家伦理、文化的世俗化都产生了深远的影响。郑氏家族孝义治家，耕读为本的家规家法，朱元璋极为看重，甚至在明代的法律中引入了不少《郑氏家范》的内容。《郑氏家范》根据儒家伦理哲学提出的一些公共生活原则，"和为贵""善施与""己所不欲，勿施于人"等，在各项行为规范中都得到了充分的体现。从严谨细致的《郑氏家范》中，我们可以得到诸多启示。一是厚人伦，崇尚孝顺父母、兄弟恭让、勤劳俭朴的持家原则。二是美教化，通过开办义塾，聘请名师，在教育好族中子弟的同时回馈社会。三是讲廉洁，从家庭角度制约为官者"奉公勤政，毋蹈贪黩"。《郑氏家范》中的多数内容与我们现在倡导的社会主义核心价值观相辅相成，蕴含的传统美德与处世原则，依旧指引我们砥砺前行。正是这些家范中的生活细节，决定了一个个人的行为方式和道德品格；正是这些家范中流传数代的治家智慧，成就了一个个家族的长久辉煌。

让我们看看唐太宗李世民在《诫皇属》中对皇属告诫了些什么。

朕即位十三年矣，外绝游览之乐，内却声色之娱。汝等生于富贵，长自深宫，夫帝子亲王，先须克己。每著一衣，则悯蚕妇；每餐一食，则念耕夫。至于听断之间，勿先恣其喜怒。朕每亲临庶政，岂敢惮于焦劳！汝等勿鄙人短，勿恃己长，乃可永久高贵，以保终吉。先贤有言：逆吾者是吾师，顺吾者是吾贼。不可不察也。

这篇《诫皇属》虽是1000多年前的皇帝对亲属的告诫，但对于我们今天加强干部队伍作风建设、搞好家庭家风建设，仍然具有很强的启示和现实意义。

首先，它启示我们，作为党员干部，要严格约束自己，反对奢侈浪费、贪图享受，自觉抵制享乐主义和奢靡之风。享乐主义与奢靡之风是一体两面的问题，而享乐主义与奢靡之风也经常会互相催化和转变。在当今社会，经济与物质的快速发展，使一部分领导干部在面对物质与诱惑的时候，放松了对自己的严格约束，开始追求奢靡享受。享乐主义发展外化后，就表现为香车宝马、金玉华衣、珍馐美酒、豪宅别墅等过分的奢靡享乐之风。在一些沉醉于享乐主义与奢靡之风的领导干部眼中，如果宴席的档次不够，会议没在五星级酒店，出行没有交通管制，那就是对领导的不重视和不尊重。本来还正直的领导干部、官员，也只好向潜规则低下头来。如此这般不良风气，发展成为官场惯例，就会严重破坏领导干部的官德，触犯了党和国家的各项法律法规制度。

其次，它启示我们，作为党员干部，要心里始终装着百姓，杜绝官气十足、高高在上的做派，与人民群众心连心、同呼吸、共命运，竭尽全力为群众做好事、办实事、解难事。有一句俗语叫"当官不为民做主，不如回家卖红薯"。这句话很简单，但是又很实际，表达了人民群众对领导干部的真实期望和要求。官员的具体行为准则，都应该围绕"为民作主"这个中心展开，一切都是为了人民，一切都要依靠人民，而不能只考虑自己的私心和利益。在新时代，党的群众路线仍然没有改变，也始终不会改变，那就是要从群众出发，从群众中来，到群众中去；要清楚我是谁，依靠谁，为了谁，这个根本问题。"知屋漏者在宇下，知政失者在草野"，知道房屋漏雨的人在房屋下，知道政治有过失的人在民间。群众都会喜欢好领导、好干部、好官员，那什么样的领导才是好领导？什么样的官员才是好官员？换句话说，只有心里真正装着群众，全心全意为人民服务的领导干部才是真正的好领导干部！心里真正装着群众，就一定要深入群众，放下身段和架子，像对待亲人一样去对待群众，用心去聆听和了解群众内心的真实需求和愿望。

再次，它启示我们，作为领导干部，心胸一定要广阔，要有宽宏雅量，善于聆听和改正错误，能够包容和接受他人的批评和劝谏，更要理解和倾听他人的责备以及牢骚。只有发自心底地欢迎群众的监督批评，才能更好地为人民群众服务、为民作主，真心诚意欢迎群众监督，勇于接受批评，并能做到及时改正错误。"逆吾者是吾师，顺吾者是吾贼"，唐太宗这句话的思想，可能是来源于战国时期思想家荀子。荀子说："非我而当者，吾师也；是我而当者，吾友也；谄谀我者，吾也。"《增广贤文》中也说："道吾恶者是吾师，道吾善者是吾友。"领导干部要知道批评你的人才是良师益友，才是真正为你好的人，而那些对你唯唯诺诺，曲意逢迎的人才是恶人、贼人，才是值得提防和小心的人。领导干部千万要睁开慧眼，明察秋毫，认清事物的本质，千万不要对别人的批评置若罔闻，不但当作耳边风，还肆意进行打击报复，更不能给你提出批评意见的人穿小鞋。"兼听则明，偏信则暗"，领导干部只有能听取别人的意见，虚心接受，并能够真心改正，才能日渐日进，才能事业有成。否则，如果领导干部把别人提的意见一棍子打死——好心当成驴肝肺。既堵塞了别人提意见、指出问题的门道，让自己的问题不断加深、加重，还让关心关爱你的人寒心，更让居心叵测者钻了空子。

"良药苦口利于病，忠言逆耳利于行"，良药吃起来虽苦，但能够用来治病，忠言有批评的成分，听起来虽逆耳，但对一个人的思想、工作、学习、成长等很有益处。领导干部要能听进别人的批评意见，要体谅他们的良苦用心。要把批评当作是纠正自己思想和行动的良药。领导干部知错就要积极地改过，如果知道问题了仍然不改，这就是真正的、更大的过错啊！所以，领导干部面对别人的批评意见要做到洗耳恭听，虚心接受，并做到力行改过。

最后，它启示我们，作为党员干部，要管好自己的家属子女和身边工作人员，坚决反对特权现象，自觉摆正党性与亲情、家风与党风的关系，带头树立健康的家风家规。关心爱护自己的家属子女是人之常情，但要爱得恰当，寓爱于严。有句话叫"近水楼台先得月"。但是，对领导干部而言，一定要杜绝身边的亲属朋友、工作人员利用这个关系来获得违法违规的权力和利益，甚至连这个想法都要及时而严厉地制止，防微杜渐，不能任由这种依靠关系的做法随意发展。有人说这是"靠山吃山、就地取材"，实际上这个想法和做法后患无穷，危害极大。你想想，你靠的是什么山？取的是什么材？实际上，这些"山"和"材"都是人民群众的利益，都是国家的利益，由不得你来贪污和私占。所以一定要及时提醒和严厉制止这种违法乱纪的行为，防早防小，防止堕入深渊。另外，还有一种说法叫"宰相门前三品官"。意思就是在领导干部周围的家属亲戚和工作人员，虽然没有实权，但是因为在领导干部身边很亲近，所以容易获得一些间接的权力或者利益。如果对这种情况没有强制的约束和严格的制止，对于家人缺少教育和管束，那么很有可能使自己和周围的人走上一条不归路，甚至是妻子儿女把自己推到了监狱里，亲戚朋友让自己站在了被告席上，类似情况已经屡见不鲜了。关于这些问题，唐太宗李世民在他的《诫皇属》中也都有预警和告诫，对领导干部来讲也是一味良药。

第十一讲
红色家风传家宝　廉洁奉公担使命

我们党自成立以来就高度重视家风建设,把家庭打造成传承革命信仰、实现革命理想、推进革命事业的坚实堡垒,形成了独特的红色家风。在迈向社会主义现代化强国建设的新百年征程上,继承和弘扬红色家风,有利于党员干部树立坚定信念、忠诚担当的高尚品格,有利于党员干部养成艰苦奋斗、无私奉献的优良作风,有利于营造全面从严治党、风清气正的政治生态,有利于弘扬社会主义核心价值观的文明风尚,有利于为实现中华民族伟大复兴的中国梦凝聚正能量。

一、中华优秀传统文化是红色家风的重要来源

红色家风根植于中华优秀传统文化,包含着中国传统家庭、家训、家教的文明基因,是对中华优秀传统文化的继承和发扬。中华优秀传统文化当中的家国情怀、廉洁修身、勤俭节约、公私分明等思想对红色家风的形成有着重要作用。

1. 家国情怀

在中国的传统文化中,个体、家庭、国家是一以贯之的。《大学》讲"身修而后家齐,家齐而后国治,国治而后天下平",《孟子》讲

"天下之本在国，国之本在家，家之本在身"。从个人层面来看，一方面，"宁为太平犬，莫作乱世民"，个人的前途命运与国家紧密相连。另一方面，"天下兴亡、匹夫有责"，家庭的和睦、国家的繁荣兴盛有待于每个个体各安其职，在家尽孝，为国尽忠。从家庭的层面来看，家是最小国，国是千万家。家庭连接着个体和国家这两端，发挥着极其重要的作用。一个家庭的家风好，则这个家庭当中的个体深受其益。千千万万个家庭的家风好，则国家兴旺发达。反之，一个家庭的家风差，则子孙不肖、小则影响个人前途，大则危害社会。千千万万个家庭的家风差，则贻害国家、破坏社风。从国家的层面来看，国家富强民族复兴，既有赖于千千万万个家庭同心同德共同奋进，也体现在千千万万个家庭的幸福美满生活改善；既有赖于千千万万个个体朝乾夕惕不懈奋斗，也体现在千千万万个个体自我价值的实现和幸福感的提升。

正因为在中国，个体、家庭与国家紧密相连、一体同构，所以中华文化中才有着如此深厚的家国情怀，如陆游"位卑未敢忘忧国，事定犹须待阖棺"；文天祥"人生自古谁无死？留取丹心照汗青"；郑思肖"胸中有誓深于海，肯使神州竟陆沉"；林则徐"苟利国家生死以，岂因祸福避趋之"；等等。中国共产党人继承了中华民族的这种深沉的家国情怀，从毛泽东"埋骨何须桑梓地，人生无处不青山"的壮志豪情，到赵一曼"未惜头颅新故国，甘将热血沃中华"的慷慨赴义，再到焦裕禄"心里装着全体人民，唯独没有他自己"的为民情深，都是中国共产党人那深重家国情怀的生动例证。这些事例通过老一辈革命家的言传身教，在一代代红色家庭中传承发扬，最终形成了富有家国情怀的红色家风。

2. 廉洁修身

在中华优秀传统文化当中，廉洁既是个人修身自好的良好道德品质，也是为官从政的重要标准之一。古人常常以物喻己，来表达自身清廉不与世俗同流合污的高洁品质，如屈原以兰表达举世皆浊我独清的气节："扈江离与薜芷兮，纫秋兰以为佩。"周敦颐以莲表达其洁身自爱的高洁人格:"予独爱莲之出淤泥而不染,濯清涟而不妖,中通外直,不蔓不枝,香远益清,亭亭净植,可远观而不可亵玩焉。"于谦以石灰作比喻,抒发自己坚强不屈,洁身自好的品质和与恶势力斗争到底的思想感情:"千锤万凿出深山,烈火焚烧若等闲。粉骨碎身浑不怕,要留清白在人间。"

相比较个人情感的抒发,清廉、廉洁更多是一种为官从政者的必备品质。据《周礼·天官冢宰》记载:"(小宰)以听官府之六计,弊群吏之治。一曰廉善,二曰廉能,三曰廉敬,四曰廉正,五曰廉法,六曰廉辨。"早在西周时期,廉洁就已经是官吏治理能力和水平的重要考察标准了。《周礼》在这里提出六项标准,即是否廉洁并且善于办事,是否廉洁并且推行政令,是否廉洁并且谨慎勤劳,是否廉洁并且公正客观,是否廉洁并且遵纪守法,是否廉洁并且明辨是非。从以上六条标准来看,都离不开一个"廉"字,体现了"廉"是为官之本和考核之要的基本精神。廉洁也成为官员的必备素养之一。

廉洁修身与廉洁做官共同构成了中国传统廉洁文化的一体两面。近代以来,老一辈革命家继承了中华优秀传统廉洁文化思想,廉以修身、廉以奉公,使清廉家风在红色家庭中代代传扬。如伟大的无产阶级革命家、政治家陈云,他一生清正廉洁,公私分明,他常说:个人名利淡如水,党的事业重如山。有这么一则故事,1962 年市场上货币流通量达到 130 亿元,而社会必需流通量只要 70 亿元就够了,陈云当时主管国家经济,他采取在市场上销售高价商品以回笼货币的措施,直到回笼到足够的货币,便把商品的价格降下来。陈云的妻子前一天买了一床高价的毛巾被,结果第二天所有高价商品都降为平价商品了,白白花费了许多钱。陈云在这个职位上,能够提前知道政策,有很多机会为自己谋福利。然而他却对家人守口如瓶。由此可见陈云的清廉守纪。

3. 勤俭节约

"历览前贤国与家,成由勤俭破由奢。"(李商隐,《咏史二首》)

勤俭节约是中华民族传统美德，也是中华传统家风的重要内容。勤是勤劳，"天行健，君子以自强不息""人生在勤，不索何获"。勤也是勤学，"业精于勤而荒于嬉，行成于思而毁于随""富贵必从勤苦得，男儿须读五车书"。俭是俭朴，是爱惜物力，是生活朴素，是不浪费。纵观中国5000多年的历史，底层老百姓能吃饱穿暖的日子并不多。即便是在新中国，饿肚子也不过是几十年前的事，离当下不远。所以勤俭节约的美好品德一直是中华民族的传家宝，这尤其体现在老一辈革命家的身上。徐向前厉行节约，他身体力行教育自己的孩子勤俭节约："我们家的生活虽然不算富裕，但我们不能忘记那些比我们更困难的人。我们要学会帮助他们，学会分享我们的幸福。"烈士方志敏在《清贫》中写道："清贫，洁白朴素的生活，正是我们革命者能够战胜许多困难的地方。"由此可见老一辈革命家对勤俭节约这一中华传统美德的大力弘扬和继承。

4. 公私分明

《二程集》："一心可以丧邦，一心可以兴邦，只在公私之间尔。"在公私这对范畴当中，中国人历来强调公私分明、大公无私，反对因公废私、以公谋私。中华优秀传统文化当中公私分明、大公无私的思想对红色家风的形成有着重要作用。从博州太守"公烛之下，不展家书"到陶行知"一只袋放公款，一只袋放私款"；从廉吏巴祇"夜与士对坐，处暝暗之中，不燃官烛"到毛泽东"济亲但不以公济私"；从"公者千古，私者一时"到周恩来"看戏以家属身份买票入场，不得用招待券""不许动用公家的汽车"……正是在中国传统的公私分明、大公无私的观念影响下，共产党人锻造了大公无私的品质，形成了公私分明的红色家风，留下许许多多佳话。

除了中华优秀传统文化的影响，红色家风亦来源于马克思主义，包含了马克思主义培育和指引下的革命家庭风范，是我们建设社会主义现代化强国的宝贵精神财富。

二、红色家风的主要内容

家风建设是我们党的优良传统,中国共产党人历来重视家风建设,一代代中国共产党人尤其是老一辈无产阶级革命家在革命、建设、改革的历史进程中,建构起了以传统家庭美德为底蕴、以革命家庭为载体的红色家风,这种红色家风既包含中华民族传统家庭美德的许多内容,如尊老爱幼、妻贤夫安、母慈子孝、兄友弟恭、勤俭持家、遵纪守法、家和万事兴等,更包含着共产党人的特色,如爱党爱国、廉洁自律、艰苦奋斗、服务人民等。

红色家风体现了一定的地域性,不同地域有着不尽相同的特色。如延安时期的领袖群体,一些学者将他们的家风概括为崇德、敬重、尚俭、严格、勤勉、诚朴六个方面。而湖湘籍的革命家群体,他们的家风带有"承续中国传统家风家训、耕读家风与经世致用哲学的契合、党风与家风的融汇、胸怀天下的家国情怀等特点",具有传统耕读家风的特色。安徽老一辈革命家的红色家风,尤其是安徽六安大别山地区,有学者将其红色家风概括为"爱国爱民、忠于信仰、勤俭节约、清正廉洁"等四个特点。红色家风也体现了一定的时代性。如革命年代,红色家风主要体现在家国情怀、爱国主义、艰苦朴素等方面;社会主义建设时期,红色家风主要体现在公私分明、清廉守纪、反对特权、鞠躬尽瘁等方面;改革开放以后,红色家风主要体现在勤学好读、勤俭节约、夫妻和睦等方面。

抛开地域和时代的特色,总体来看,老一辈革命家红色家风主要包含爱党爱国、廉洁奉公、艰苦奋斗、勤奋上进、公私分明、反对特权、尊老爱幼、夫妻和睦等多方面的内涵。

三、新时代如何传承和发扬红色家风

一个党员干部是否"心中有党、心中有民、心中有责、心中有戒",从日常家风中就能直接反映出来。这就要求我们共产党人,要将"红色家风"崇尚忠孝的内涵,转化为对党绝对忠诚、对国高度热爱、对人民深切关爱的政治品格,永葆初心。为此,在新时代传承和发扬红色家风,党员领导干部要努力做到以下几点。

第一,要充分认识家风建设的重要性,带头把家风建设摆在重要位置。古人云:积善之家,必有余庆;积不善之家,必有余殃。道德传家,十代以上;富贵传家,不过三代。这道出了家族兴衰的道理,把道德、品行、清白、诗书传给儿孙方能百世流芳,仅把财富传给儿孙是家族败亡之策。决定一个家庭的并非财富多寡,如果没有良好的家风、门风,再多的财富也传不下去。宝珠玉者,殃必及身。

党员干部要从思想认识上作表率、行动实践上走在前,深刻感悟家风建设既是政治责任,也是家庭责任、社会责任、民族责任。党员干部的家风良好,不仅有助于个人遵纪守法、家庭幸福,而且有利于严肃工作作风、端正党风政风、促进社风民风。党员干部的家风败坏,不仅容易导致个人违法违纪、家庭不幸,更严重的是影响了党群、干群关系,损害了党的声誉。正如习近平总书记所言:"领导干部的家风,不是个人小事、家庭私事,而是领导干部作风的重要表现。"[1]

第二,要正确对待自己、对待权力,把修身落到实处。党员干部开展家风建设首先自身要正,特别是要摆正权力观,坚决反对特权思想、特权现象;以身作则,为家风树立良好榜样;摆正公私关系,过好亲情关。《论语》记载:"政者正也,子帅以正,孰敢不正。""其身正,不令而行;其身不正,虽令不从。"这两句讲的是为政者的修养,作为官员要自己行得端坐得正,这样下面的人才会跟着端正作风。如果作为领导干部带头贪赃枉法、损公肥私,下面

---

[1] 《科学统筹突出重点对准焦距 让人民对改革有更多获得感》,《人民日报》2015年2月28日。

的人要么不肯认可他，不接受他的领导，要么便自然而然有样学样，上下沆瀣一气。事实上，这两句话同样也适用于家风家教当中。当领导干部以贪污受贿为荣，以钱权酒色为好，这样的一家之主是教不出思想正、作风正的子孙后代的。自己都不能做到严格要求自己，又有什么立场严格要求妻子、孩子、亲戚呢？当官就不要想发财，想发财就不要当官，这是两条道的事，混为一谈，死路一条。所以家风正，作为一家之主首先要正，把修身落到实处。

周恩来的十条家风，包括"晚辈不准丢下工作专程来看望他，只能在出差顺路时去看看；来者一律住国务院招待所；一律到食堂排队买饭菜，有工作的自己买饭菜票，没工作的由总理代付伙食费；看戏以家属身份买票入场，不得用招待券；不许请客送礼；不许动用公家的汽车；凡个人生活上能做的事，不要别人代办；生活要艰苦朴素；在任何场合都不要说出与总理的关系，不要炫耀自己；不谋私利，不搞特殊化。"这十条家风不仅仅是对亲属的要求，同样是周恩来自己清廉守纪的真实写照。周总理先是自己做到了这一点，而后才对大家提出这样的要求，这样家人们自然愿意遵从。设想如果周总理自身做不到这些，不修身自好，又怎么能规范家人、树立好良好家风呢？

总之，党员干部应当自觉自省，不断加强德行修养、党性修养，慎独、慎微、慎用权，管好自己，管好家人，用自己的一言一行、一举一动，率先垂范，以上率下，真真切切地为千百万个家庭做出表率。

第三，要正确对待家庭、家教、家风，把齐家落到实处。党员干部应当继承和弘扬中华传统家庭美德与老一辈革命家的红色家风，从严治家，严格教育约束家人，引导家人自食其力，决不允许亲属和身边工作人员擅权干政、谋取私利，及时纠正家中不良风气的苗头，把修身、齐家落到实处，不断培育良好家风。

陈云是将齐家落到实处的代表，他给家人定下"三不准"规矩：不准搭乘他的车，不准接触他的文件，子女不准随便进出他的办公室。在实际工作中,习近平总书记也是以身作则、严格要求,他反复告诫自己的亲朋好友:不能在他工作的地方从事任何商业活动,也不能打着自己的旗号办任何事情,欢迎大家监督自己及家人。

习近平总书记在十八届中央纪委第六次会议上深刻总结道:"从近年来查处的腐败案件看,家风败坏往往是领导干部走向严重违纪违法的重要原因。不少领导干部不仅在前台大搞权钱交易,还纵容家属在幕后敛财,子女等也利用父母的影响经商谋利、大发不义之财。"[1]作为党员干部,对亲属子女和身边的工作人员,应当严格教育、严格管理、严格监督,防止他们打着自己的旗号谋取不义之财。严格要求家人,既是对家庭的负责,更是对家人的爱护。

第四,要注重从红色先进典型身上汲取家风力量、从家风败坏案例中吸取警示教训,把自觉落到实处。我们有丰富的红色家风资源,这些红色家风是老一辈革命家为我们留下来的宝贵财富。党员干部大多在体制内担任职位,应当加强对好家风、好家教的挖掘与宣传,大力弘扬红色家风文化,与当下时代相结合,重点发掘那些与当今社会息息相关的、政治立场鲜明的、党性修养高的、能够感动人民群众的好家风案例,并以丰富多样的形式,包括电影、戏曲、话剧等创新形式继承发展,既让红色家风在当代更加焕发生机,又充分发挥红色家风肃清党风、塑造社风、改善民风的重要作用。另外,要加强对红色家风物质载体的保存、开发和利用。如红色家书、红色故居、纪念物,先进人物的语录、音频、视频等材料,这些都是生动鲜活的好家风载体,应当有计划地保存好、整理好这些材料,活化利用。尤其是亲受红色家风渲染长大的红色家风的传承者,如老一辈革命家的后代子孙,这些人是红色家风文化的亲历者,应当发掘他们身上的故事,将红色家风代代传习下去。

作为领导干部,应当做红色家风的践行者、发扬者。从我做起,践行爱党爱国、廉洁奉公、艰苦奋斗、勤奋上进、公私分明、反对

---

[1] 《习近平谈治国理政》第2卷,外文出版社2017年版,第165页。

特权、尊老爱幼等红色家风，从做好自己到影响亲人，从一个个个体到一个个家庭，从一个个家庭到整个国家，做起而行之的践行者。

　　进入新时代，广大党员干部要始终做到忠诚干净担当，就离不开红色家风这个"传家宝"。只要我们既做"手电筒"，去照亮家人和身边人；又敢于拿起"整容刀"，向背离红色家风的各种"毒瘤"开刀，红色家风一定会在中华大地上遍地开花、蔚然成风。

第十二讲
牢记领袖殷殷嘱　家庭家教好家风

党的十八大以来，依据我国社会主要矛盾发生的重要变化，结合城乡家庭规模日趋变小以及家庭结构和生活方式出现的新情况、新问题、新变化，为了积极回应人民群众对家庭建设的新期盼新要求，为了解决一些领导干部因家教不严、家风不正而带来的一系列现实问题，习近平总书记围绕注重家庭、注重家教、注重家风建设发表了一系列重要论述。

中共中央党史和文献研究院于2021年1月编辑出版了《习近平关于注重家庭家教家风建设论述摘编》（以下简称《摘编》），中宣部、中央文明办、全国妇联于2021年4月8日在京召开了推进家庭家教家风建设座谈会，中央精神文明建设指导委员会办公室于2021年6月30日印发了"中共中央宣传部、中央文明办、中共中央纪委机关、中共中央组织部、国家监察委员会、教育部、全国妇联《关于进一步加强家庭家教家风建设的实施意见》"的通知。

习近平总书记的这些重要论述，蕴含了人民领袖、党的领袖的殷殷嘱托，立意高远，内涵丰富，思想深刻，对于动员社会各界广泛参与家庭文明建设，努力使千千万万个家庭成为国家发展、民族进步、社会和谐的重要基点，把实现个人梦、家庭梦融入国家梦、民族梦之中，汇聚起全面建设社会主义现代化国家、实现中华民族伟大复兴中国梦的磅礴力量，都具有十分重要的现实意义和历史意义。

我们要以《摘编》的出版为契机，深入学习贯彻习近平总书记重要指示精神，大力加强家庭文明建设，广泛弘扬社会主义家庭文明新风尚，汇聚亿万家庭的力量，奋斗新时代、奋进新征程。要从弘扬中华民族传统美德、传承红色基因、加强社会主义精神文明建设的高度加深认识、提高站位，增强推进新时代家庭文明建设的责任感、使命感。加强家庭家教家风建设，要聚焦培育和践行社会主义核心价值观这个根本任务，大力传承红色家风，抓好青少年品德教育，深化文明家庭创建，推动全社会树立新时代家庭观。要引导党员干部从百年党史中汲取精神养分，崇德治家、廉洁齐家、勤俭持家，以纯正的家风涵养清朗的党风政风社风。要加强组织协调，动员社会各界广泛参与，形成共建家庭文明的良好局面。

习近平总书记的重要论述，是我们做好家庭家教家风工作的根本遵循。

《摘编》摘自习近平同志2012年11月15日至2020年12月28日期间的报告、讲话、谈话、说明、答问等60多篇重要文献，分7个专题，共计107段论述。这些论述充实了习近平新时代中国特色社会主义思想的科学内涵，为新时代家庭家教家风建设提供了根本遵循。《摘编》7个专题分别从重要基点、历史传统、品德教育、家风建设、领导干部家风、家庭文明新风尚等角度，深刻阐明了家庭家教家风建设的重大意义、目标任务和实践要求。其中，"努力使家庭成为国家发展、民族进步、社会和谐的重要基点""中华民族历来重视家庭""家庭教育最重要的是品德教育""以千千万万家庭的好家风支撑起全社会的好风气"等4个专题收录的文章从7篇到11篇不等；"把家风建设作为领导干部作风建设的重要内容""各级领导干部要严格要求亲属子女，过好亲情关""推动形成爱国爱家、相亲相爱、向上向善、共建共享的社会主义家庭文明新风尚"等3个专题均收录了20余篇论述。《摘编》部分论述是第一次公开发表，很多观点具有独创性。第一、三个专题重点论述了家风的重要性，强调要自觉把个人、家庭的命运与国家和民族的命运紧密地联系在一起，提出"家庭是人生的第一所学校""家庭的前途命运同国家和民族的前途命运紧密相连"。第四个专题从正反两个方面论述了家风和社会风气的关系，指出妇女在树立良好家风方面具有独特作用，强调要自觉肩负起尊老爱幼、教育子女的责任，在家庭美德建设中发挥作用。第五、六个专题用大量篇幅对各级领导干部特别是高级干部提出要求，强调继承和弘扬中华优秀传统文化，继承和弘扬革命前辈的红色家风，向焦裕禄、谷文昌、杨善洲等同志学习，作家风建设的表率，把修身、齐家落到实处。第七个专题重点说明了只有实现了中华民族伟大复兴，我们每一个人的家庭梦才能实现，才能梦想成真，强调把实现个人梦、家庭梦融入到国家梦、民族梦之中。家风是百年党史中恒久的话题，中国共产党一步步发展壮大，优良家风在传承中发扬光大。要深入践行习近平总书记关于家庭家教家风建设重要论述精神，不断汲取党史中优良家风这一"红色养分"，赓续革命前辈的好家风好传统。

习近平总书记指出："家庭是社会的基本细胞，是人生的第一所学校。"[①]家庭的前途命运同国家和民族的前途命运紧密相连。

中华民族历来重视家庭，家庭在中华传统文化中占有十分重要的地位。《周易》中说："有天地，然后有万物；有万物，然后有男女；有男女，然后有夫妇；有夫妇，然后有父子；有父子，然后有君臣；有君臣，然后有上下；有上下，然后礼仪有所错。"经过5000多年的文明积淀，尊老爱幼、贤妻良母、妻贤夫安、母慈子孝、相夫教子、兄友弟恭、天伦之乐、耕读传家、勤俭持家、知书达理、遵纪守法、游子归来、亲人团聚、朋友相会、表达亲情、畅叙友情、抒发乡情的家和万事兴等，这些中华民族传统家庭美德和家庭观已深植于中国人的心灵，已融入中国人的血脉，成为家庭和睦、社会

[①] 中共中央党史和文献研究院编：《习近平关于注重家庭家教家风建设论述摘编》，中央文献出版社2021年版，第3页。

和谐的基石，成为中华民族重要的文化基因和独特的精神标识。

习近平总书记指出："广大家庭都要重言传、重身教，教知识、育品德，身体力行、耳濡目染，帮助孩子扣好人生的第一颗扣子，迈好人生的第一个台阶。要在家庭中培育和践行社会主义核心价值观，引导家庭成员特别是下一代热爱党、热爱祖国、热爱人民、热爱中华民族。要积极传播中华民族传统美德，传递尊老爱幼、男女平等、夫妻和睦、勤俭持家、邻里团结的观念，倡导忠诚、责任、亲情、学习、公益的理念，推动人们在为家庭谋幸福、为他人送温暖、为社会作贡献的过程中提高精神境界、培育文明风尚。"[1]我们一定要深切体会习近平总书记的殷殷嘱托，搞好家庭建设，幸福美满人生。

习近平总书记反复强调家风问题，以优良党风带动社风民风，培育良好家风。

《摘编》多次强调传承中华民族传统优良家风，对传统文化中的精忠报国、家和万事兴、天伦之乐、尊老爱幼、勤俭持家等予以高度肯定。《摘编》提及的家风故事，更是体现了中华民族优良家风源远流长、薪火相传。我们要与时代同频共振，家风是不同时代社会道德规范和核心价值观的缩影，具有很强的开放性发展性。如历史上林则徐的家风家教注重立德，林氏一门4人为相，皇帝亲自主持殿试201次，林家榜上有名183次，"无林不开榜，开榜必有林"成为佳话。进入近现代，以老一辈无产阶级革命家为代表的优秀共产党人将传统与时代精神结合，形成了优良的红色家风。如"延安五老"之一的徐特立，在给子女的家书中写道："你们如果需要我党录用，那么需要比他人更耐苦更努力，以表示是共产主义者的亲属。"他教育女儿勿以父亲为庇荫，独立生活、追求进步，彰显了共产党人坚持原则、严肃家风的坦然风骨。我们要向榜样看齐，家风作为

---

[1] 中共中央党史和文献研究院编：《习近平关于注重家庭家教家风建设论述摘编》，中央文献出版社2021年版，第19页。

一套道德规范和价值观,往往具有权威性、榜样性。《摘编》指出,北宋杨家兴隆三代,将帅满门,人人忠肝义胆、战功卓著。究其缘由,不由让人感叹"杨家儿孙,无论将宦,必以精血肝胆报国"家风的分量。公元979年杨业降宋戍守边疆,后挥师北上征讨辽国遇辽军主力,敌我军力悬殊,最终全军覆没,战死沙场;杨延昭在激烈的朔州攻城战中被乱箭射穿胳膊,后因旧疾发作卒于任上;杨文广一生戎马,征伐不断,到1074年死于边疆,杨家三代守卫边疆近百年。

党的十九大以来,中央纪委国家监委发布的中管干部党纪政务处分通报中,违纪涉及家属、亲属的近60%,一半以上属于利用职务上的影响和便利为亲属谋取利益。对此,习近平总书记明察秋毫、洞若观火。《摘编》指出,从严峻性看,近年来,腐败现象趋于严重化,区域性腐败、系统性腐败、家族式腐败、塌方式腐败等不断发生,这比"独狼式"腐败危害要大得多。有的地方和系统案件频发,往往是"拔出萝卜带出泥",查处一个案件牵出一窝人。有的以腐败官员为轴心,夫妻联手,父子上阵,兄弟串通,七大姑八大姨共同敛财。"有人说,《西游记》是政治小说,孙悟空本事大,大闹天宫,但一路上的妖魔鬼怪很多他都奈何不得,还要跑到天上请神仙帮忙,一打听全有来历,都是神仙身边的,没管好出逃了,偷了神仙的几件法器,下到一方为怪。现在有些现象不就是这样吗?各种关系,真的假的掺杂在一起,也骗了不少人,所以一定要管好。"①

习近平总书记多次强调弘扬中华优秀传统文化,汲取传统家训、家诫、家规的有益成分,以严格的家教建设支撑家庭家风建设。

《摘编》指出,贤妻良母、相夫教子、勤俭持家,都是中华民族传统优秀文化的重要组成部分。中华儿女不管走到哪里、走得再远,都不会忘记自己的家。"家"是中国人的精神纽带,家教家风是中华

---

① 中共中央党史和文献研究院编:《习近平关于注重家庭家教家风建设论述摘编》,中央文献出版社2021年版,第49页。

传统文化的重要组成部分。

当前，我们要抓好《关于进一步加强家庭家教家风建设的实施意见》（下文简称《意见》）的贯彻落实，推动家庭家教家风建设高质量发展，这是对习近平总书记殷殷嘱托的最好回应。

《意见》充分体现了党中央对加强家庭家教家风建设的高度重视，对大力弘扬中华优良传统，构筑中国精神、中国价值、中国力量，具有深远的影响。《意见》立足新发展阶段、贯彻新发展理念、构建新发展格局，大力弘扬中华传统美德，大力强化党员和领导干部家风建设，特别是要让中华民族文化基因在广大青少年心中生根发芽，充分体现了对中华优秀传统文化和传统美德的继承和发扬。重家教、立家规、传家训、正家风是中华民族优良道德传统，是中华优秀传统文化的重要内容。注重家庭、家教、家风，重视家庭文明建设，培育文明乡风、良好家风、淳朴民风，重言传、重身教，给孩子以示范引导，勤劳致富，勤俭持家，帮助妇女处理好家庭和工作的关系，就能家道兴盛、和顺美满。

《意见》提出要加强习近平总书记关于注重家庭家教家风建设重要论述的学习宣传，要围绕落实立德树人根本任务开展家庭教育，要把家风建设作为党员和领导干部作风建设的重要内容，要注重发挥家庭家教家风建设在基层社会治理中的重要作用。这些要求，是对习近平总书记基于中华民族伟大复兴作出的关于加强家庭家教家风建设一系列重大论述的凝练与落地。《意见》的出台，将把家庭家教家风建设上升到国家战略高度，是从国家层面对加强家庭家教家风建设作出的整体战略，远远超过以往社会及学界的零星呼吁，是对加强家庭家教家风建设全方位、多层次、宽领域的全面部署。

《意见》对家庭家教家风建设的目标提出了具体量化指标，要求在未来五年内把新时代家庭观体现到法律法规、制度规范和行为准则中，体现到各项经济社会发展和社会管理政策中。《意见》指出，"覆盖城乡的家庭教育服务指导体现不断完善，家校社协同育人机制更加健全，到2025年，城市社区家长学校达标率达90%，农村社区达 80%，中小学幼儿园家长学校规范化建设水平大幅提升"。"形成家庭家教家风建设合力，动员广大家庭把个人梦、家庭梦融入国家梦、民族梦之中，为实现中华民族伟大复兴中国梦汇聚磅礴力量"。这些具体而宏伟的目标，是全社会各阶层贯彻习近平总书记关于注重家庭、家教、家风建设，落实国家"十四五"规划纲要目标，弘扬传承中华优秀传统文化的又一重大而艰巨的任务。

第十三讲
家书字句值千金　传递家教好声音

中华民族历来讲究在家尽孝、为国尽忠，在国与家之间飞传鸿雁，传递着家国情怀和良好的家风家教，做到爱国与爱家相统一。习近平总书记《在纪念朱德同志诞辰一百三十周年座谈会上的讲话》里，以朱德写的家书为例，反映了朱德高风亮节、人民公仆的崇高形象。"朱德同志当年写诗赞扬我们党领导的解放区'只见公仆不见官'，他自己就是人民公仆的典范。全国抗日战争爆发后，他在给亲人的家书中说：'我虽老已五十二岁，身体尚健，为国为民族求生存，决心抛弃一切，一心杀敌。''那些望升官发财之人决不宜来我处，如欲爱国牺牲一切能吃苦之人无妨多来。'远在四川老家的母亲八十多岁，生活非常困苦，他不得不向自己的老同学写信求援，他在信中说：'我数十年无一钱，即将来亦如是。我以好友关系，向你募两百元中币。'战功赫赫的八路军总司令清贫如此、清廉如此，让人肃然起敬！"[1]从信里的字里行间，我们可以领会到老一辈革命家朱德的人格魅力和优秀的道德情操。

在古代的家书中，大多会谈及对孩子的教育问题，嘱咐子女努

---

[1] 中共中央党史和文献研究院编：《习近平关于注重家庭家教家风建设论述摘编》，中央文献出版社 2021 年版，第 36—37 页。

力读书学习，讲耕读传家和学习的途径、方法及其重要性等。比如，唐朝的杜牧在冬至日写给小侄阿宣的信中说，"愿尔一祝后，读书日日忙。一日读十纸，一月读一箱"，告诫侄子要多读点书。宋朝的郑侠在《教子孙读书》诗中写道，"是以学道者，要先安其身。坐欲安如山，行若畏动尘。目不妄动视，口不妄谈论。俨然望而畏，曝慢不得亲。淡然虚而一，志虑则不分。眼见口即诵，耳识潜自闻。神焉默省记，如口味甘珍。一遍胜十遍，不令人艰辛"。清朝的张履祥在《训子语》中写道，"子孙只守农士家风，求为可继，惟此而已"，"虽肆诗书，不可不令知稼穑之事。虽秉耒耜，不可不令知诗书之义"，要守耕读、尽职分。而清朝另一位名家郑板桥在《潍县署中寄舍弟墨》的信中则强调，要引导家里的子弟树立读书必须深入研究的正确态度。还比如，清朝傅山在写给儿侄们的信中说，现在是你们精神健康旺盛的时候，一定要专心致志读三四年书……你们要努力珍惜自己的天资，读书与古人为友。清朝的李光地在写给子弟的家书中说，读书要勤于动笔，凡书，目过口过，不如抄撮一次之功多也，勤动手则心必随之。再比如近现代的《傅雷家书》，主要也是谈学论道，议论艺术真谛与精神修养。

宋朝时期的朱熹《与长子受之》就是这类谈论学习的家书。

盖汝若好学，在家足可读书作文，讲明义理，不待远离膝下，千里从师。汝既不能如此，即是自不好学，已无可望之理。然今遣汝者，恐汝在家汩于俗务，不得专意。又父子之间，不欲昼夜督责。及无朋友闻见，故令汝一行。汝若到彼，能奋然勇为，力改故习，一味勤谨，则吾犹可望。不然，则徒劳费。只与在家一般，他日归来，又只是伎俩人物，不知汝将何面目归见父母亲戚乡党故旧耶？念之！念之！夙兴夜寐，无忝尔所生！在此一行，千万努力。

朱熹这封家信的意思是，如果你努力学习，在家里也可以读书写文章，弄明白言论或文章的内容和道理，用不着远离父母，千里迢迢地去跟从老师学习。你既然不能这样，就是自己不好学，也不能指望你懂得这个道理。但是现在让你出外从师的原因，是担心你在家里为俗务所缠身，不能专心读书学习。同时，父子之间，我也不希望日夜督促责备你。在家里也没有朋友和你一起探讨，增长见识，所以要让你出去走一走。你要到了那里，能奋发努力有所作为，用心改去以前不好的习惯，一心勤奋谨慎，那么我对你还有希望。若不是这样，则是徒劳费力，和在家里没有两样，以后回来，又仅仅是以前那样的小人物，不知道你准备用什么样的面目来见你的父母亲戚同乡和老朋友呢？记住！记住！"勤奋学习，不要愧对了父母。"这一次行程，要千万努力呀！

　　在古代的家书中，还有讲做文章与做人道理的家书，比如，清朝时期的梅文鼎在《送仲弟文鼐入城读书序》的家书中写道，综观历代家训，都把读书与做人摆在首要位置，读书固然是为求知，更重要的是学做人，"居官要清廉，做事要勤奋，待人要诚实，交友要谨慎"。而清朝时另一位名家蒲松龄，在《与诸侄书》的家书中，有一段专门讲写文章的道理，其实也是讲做人的道理。

　　古大将之才，类出天授。然其临敌制胜也，要皆先识兵势虚实，而以避实击虚为百战百胜之法。文士家作文，亦何独不然？盖意乘间则巧，笔翻空则奇，局逆振则险，词旁搜曲引则畅。虽古今名作如林，亦断无攻坚撼实硬铺直写，而其文得佳者。故一题到手，必静相其神理所起止。由实字勘到虚字，更由有字句处勘到无字句处。既入其中，复周索之上下四旁焉，而题无余蕴矣。及其取于心而注于手也，务于他人所数十百言未尽者，予以数言了之，及其幅穷墨止，反觉有数十百言在其笔下。又于他人数言可了者，予更以数十百言排荡摇曳而出之。及其幅穷墨止，反觉纸上不多一字。如是又何虑文之不理明辞达，神完气足也哉？此则所谓避实击虚之法也。大将军得之以用兵，文人得之以作文。纵横天下，有余力矣！

这篇家书，应该是蒲松龄的经验之谈，将作文比作作战，讲究认清兵势虚实，以避实就虚为百战百胜之法宝。用到文章上面，就是巧为立意，一反平实，布局新奇，讲究遣词造句的流畅顺达。并注意审题，决不让题目中隐藏蕴含的意思漏网，在写作中，虚以实之，实以虚之，虚虚实实，虚实相间，只有这样，才能"纵横天下，有余力矣"。

还有许多家书中，结合具体日常事务，吩咐具体事情，讲明人生道理，指出存在问题，交代相关做法等，不一而足。比如，三国时期的王肃在写给家人的信中吩咐要少喝酒，说祸害大多与喝酒有关，要慎重；又比如，唐朝时期的阎立本以自己的切身体会，写信告诫子女不要学习绘画技艺，以免招来羞辱，而唐时四朝宰相姚崇则专门写家书给子孙们，吩咐要薄葬自己，说"吾身亡，可殓以常服"。

写家书，不仅是皇帝、领袖、文章大家、历史名人传颂家风家教的专利，也是寻常百姓家最常用的传递信息、传承家教、弘扬家风的渠道。

唐代诗人杜甫在《春望》一诗中写道："国破山河在，城春草木深。感时花溅泪，恨别鸟惊心。烽火连三月，家书抵万金。白头搔更短，浑欲不胜簪。"家书连接着千家万户，家书抵万金啊！家书承载着丰富的历史使命，可以谈立志修身、传家千年，可以谈学习读书、干事创业，可以父教子承、子学孙传，可以传递门风、传续红色家风，每每读到这些充满情怀、情深、情意的文字，我们都会情不自禁地感动。虽然现在手写的家书、家信越来越少了，大都变成了电话、语音、微信、短信、电子邮件等，但家庭中这种家书的传承不应过时，我们应该把这种文化传统继承下来，传播开去，服务当下，成为传播中华优秀传统文化的重要方式和有力渠道。

第十四讲
善于反躬和自省　树立良好品德行

一、慎亲慎平慎友

《尚书》有云："不矜细行，终累大德。"领导干部应常修为政之德，常怀律己之心，常持忧患之念，时刻自省自重自警自励，做到慎亲慎平慎友，以优良作风为全社会作表率，带头营造风清气正的政治生态。

要修身律己、廉洁齐家。古人言："将教天下，必定其家，必正其身。"家风建设历来是为官者的必修课。良好家风是抵御贪腐的重要防线，败坏的家风往往是领导干部走向严重违纪违法的重要原因。领导干部要筑牢清白为官的屏障，不仅要自身过得硬，还要管好家属和身边工作人员，把好亲情关。俗话说，"家有贤妻，则士能安贫守正""妻贤夫祸少，子孝父心宽"。现实中，领导干部亲属、身边工作人员等利用特殊关系牟取私利的案例无不警示，领导干部特别是高级干部，在管好自己的同时，要严格教育、严格管理、严格监督配偶和子女，教育引导家庭成员自重、自省、自警、自律，时刻警惕被别有用心的人"围猎"，防止被身边人将自己"拉下水"。

领导干部既要懂得该如何交友，又要明白自己该结交什么样的朋友。孔子曰："益者三友，损者三友。友直，友谅，友多闻，益矣。友便辟，友善柔，友便佞，损矣。"意思是说，有益的朋友有三种，有害的朋友有三种。与正直的人交朋友，与诚信的人交朋友，与知识广博的人交朋友，是有益的。与善于溜须拍马、谄媚逢迎的人交朋友，与表面一套背后一套、阳奉阴违的人交朋友，与善于花言巧语的人交朋友，是有害的。马克思、恩格斯的友谊堪称畏友的楷模、密友的典范。马克思、恩格斯一见如故，真诚合作了数十年。为了帮助马克思进行革命理论的研究与写作，恩格斯放弃自己的工作，甘当"第二提琴手"，为马克思从事学术研究提供了大量经济上的支持。马克思逝世后，恩格斯又继承马克思未竟的事业，完成了《资本论》的写作。他们的友情成为人类历史上的佳话。

二、善于反躬自省

《论语·学而》中讲"吾日三省吾身"，自省是一种生命的从容与智慧。自古以来成大事者，未有不重自省、自律者。孔子因"见不贤而内自省"，进入"七十而从心所欲，不逾矩"的从容，荀子靠"日参省乎己"，达到"知明而行无过"的境界。人生路上，如果只盯着前方而不找时间停下脚步思考自身的问题，错误就会累加。面对名利的诱惑，稍有不慎，便会跌入万丈深渊，对为官者来说，更是如此，所以领导干部尤其需要时常反躬自省。

"反躬自省"出自《礼记》，《礼记·乐记》有云："如恶无节于内，知诱于外，不能反躬，天理灭矣。"意为回过头来检查自己的言行得失，目的就是要通过自我反省随时了解、认识自己的思想、情绪与态度，从而弥补短处，纠正过失，不断完善自我。《孟子》也讲："爱人不亲，反其仁；治人不治，反其智；礼人不答，反其敬——行有不得者皆反求诸己，其身正而天下归之。"孟子用射箭做比喻，他说，射箭射不中，不要埋怨靶子。遇到挫折时不应责怪他人，而应先反过来从自己身上找出问题的症结，并努力加以改正，要反省自己而不是要求别人，更不是要求环境。

反躬自省，可以纠正过失，走向成功。相传4000多年前，正是历史上的夏朝，当时的君王正是赫赫有名的大禹。有一次，诸侯有扈氏起兵入侵，夏禹派伯启前去迎击，结果伯启战败。部下们很不甘心，一致要求再打一次仗。伯启说："不必再战了。我的兵马、地盘都不小，结果反倒吃了败仗，可见这是我的德行比他差，教育部下的方法不如他的缘故。所以我得先检讨我自己，努力改正自己的毛病才行。"从此，伯启发愤图强，每天天刚亮就起来工作，生活俭朴，爱民如子，尊重有品德的人。这样经过了一年，有扈氏知道后，不但不敢来侵犯，反而心甘情愿地降服归顺了。

反躬自省，可以扬长避短，开发潜能。一个善于自我反省的人，往往能够发现自己的优点和缺点，并能够扬长避短，发挥自己的最大潜能；而一个不善于自我反省的人，则会一次又一次地犯同样的错误，不能很好地发挥自己的能力。

案例一

古时候有两位一流的剑客，武宫为师，柳生为徒。当年柳生拜师学艺时，问武宫："师父，根据我的资质，要练多久才能成为一流的剑客？"武宫答道："最少也要十年吧！"柳生说："十年太久了，假如我加倍苦练，多久可以成为一流的剑客？"武宫答道："那就要二十年了。"柳生一脸狐疑，又问："假如我晚上不睡觉，夜以继日地苦练呢？"武宫答道："那你必死无疑，根本不可能成为一流的剑客。"柳生非常吃惊，武宫答道："要当一流的剑客的先决条件，就是必须永远保留一只眼睛注视自己，不断反省自己。现在，你两只眼睛都盯着'剑客'这块招牌，哪里还有眼睛注视自己呢？"柳生听了，惊出一身冷汗，顿然醒悟，依师父所言而行，终成一代剑客。留一只眼睛看自己，剑道如此，人生亦然。

领导干部尤其需要重视反躬自省。德不厚者,不可为官,德不厚者,不可使民。对为官者来说,自省的重要性不言而喻。《战国策》中《邹忌讽齐王纳谏》道出了反躬自省对于个人乃至国家的重要性。

案例二

战国时齐相邹忌,玉树临风,仪表堂堂,欲比于齐国徐公,问其妻曰:"我与城北徐公孰美?"妻说:"君美甚,徐公何能及君也?"问其妾,妾答亦如是。问客人,客人回:"徐公不若君之美也。"翌日,徐公来访,邹忌视之,自叹弗如。于是反躬自省,悟出道理,向齐王道来此事。邹忌表示:"微臣根本比不上徐公,妻偏爱我,妾畏惧我,客人有求于我,因此都说我比徐公美。如今齐国后宫佳丽无不偏爱齐王,大臣无不畏惧齐王,国内外无不有求于齐王,由此看来,齐王受蒙蔽太严重了。"齐王于是下令悬赏进谏,一时间进谏者门庭若市,数月后偶尔进谏,时间一长基本没有什么可谏的了。燕、赵、韩、魏等国听说此事,皆往齐国朝拜齐王。

邹忌之所以能悟到"王之蔽甚矣",是因为他时刻有一种反躬自省的精神。这种精神让他能够独立思考,即便别人说得再好听,他始终保持探索真相、清醒客观的宝贵意识。

领导干部应将反躬自省作为自律的手段、行为的界限,让自省成为一种习惯。首先,常常问自己的所作所为是否符合要求。曾子如此做到一日三省:"为人谋,而不忠乎?与朋友交,而不信乎?传,不习乎?"我们可以通过每天静坐冥想的方式,回顾自己的所作所为,每天执行事情的效率,通过内观和自视,深入了解自己背后的起因和动机。

其次,要从生活中的一点一滴入手,不以恶小而为之。明朝内阁首辅徐溥,很善于自省。他为官40多年,善始善终,以"四朝元老"美名荣归故里。他少年时代,就效仿古代先贤,为自己准备两个瓶子,做一件善事,就往瓶子里投一黄豆,做一件错事,就在另一瓶子里投黑豆，晚上检查黄豆与黑豆的数量，天长日久，黑豆越来越少，黄豆越来越多。徐溥凭借这种持久的自省，不断完善自己的人格，终于修成精金美玉的品质。

最后，通过写日记等书写方式来梳理自己的行为，通过对自己提问的方式进行记录和思考。清代的曾国藩深知这一点，在每天的日记中，他都要将自己一天的言行进行一番彻彻底底、干干净净的清扫。最终，他的人生修养和事业都达到了一定的高度，被誉为"学有本源，器成远大，忠诚体国，节劲凌霜"的晚清重臣。

朱熹在《乐记动静说》中讲："惟其反躬自省，念念不忘，则天理益明，存养自固，而外诱不能夺矣。"时常反躬自省，把准人生航向，成就更好的自己。

三、学会自我管理

自我管理是一个人重要的品德，它在相当大程度上决定了个人成就的高低。《礼记·中庸》中云："正己而不求于人。"意思是说：管理锻炼好自己，而不是去寻求别人帮忙。唐代诗人张九龄曾说过："不能自律，何以正人？"一个人拥有良好的自我管理能力，是道德修养的重要标志，是个人综合素质的重要表现。特别是对领导干部而言，学会自我管理，是更应重视的问题。

自我管理是指不受外界约束和情感支配，自己约束自己，自己激励自己，自己管理自己的事务，最终实现自我奋斗目标的过程。从大的方面说，自我管理是人的思想品质的重要体现；从小的方面讲，它是对一个人意志力的考验。一个具有高尚道德修养的人，必定具有高度的自我管理能力。

案例三

许衡是我国古代杰出的思想家、教育家和天文历法学家。有一年夏天，许衡与很多人一起逃难。在经过河阳时，由于长途跋涉，加之天气炎热，所有人都感到饥渴难耐。这时，有人突然发现道路附近刚好有一棵大梨树，梨树上结满了清甜的梨子。于是，大家都争先恐后地爬上树去摘梨来吃，唯独许衡一人，端坐于树下不为所动。众人觉得奇怪，有人便问许衡："你为何不去摘个梨来解解渴呢？"许衡回答说："不是自己的梨，岂能乱摘！"问的人不禁笑了，说："现在时局如此之乱，大家都各自逃难，眼前这棵梨树的主人早就不在这里了，主人不在，你又何必介意？"许衡说："梨树失去了主人，难道我的心也没有主人吗？"许衡始终没有摘梨。

混乱的局势中，平日规范众人行为的制度，在饥渴面前失去了平时对人的约束效用。许衡因心中有定盘针则能做到无动于衷，不随波逐流。在许衡心目中的这个定盘针就是自我管理能力。善于自我管理，能让人自觉地抵制来自外界的种种诱惑；有了自我管理能力，才能在没有纪律约束、没有外在监督的情况下也能牢牢把握住自己。

自我管理不仅能让一个人抵挡住诱惑，还能使人生路越走越宽、越走越远。三国时名将吕蒙的故事，就是这样一个例子。

案例四

吕蒙，字子明，年仅十五六岁即参军，跟随军队征战各地。吕蒙是武将出身，文化知识较差，孙权开导他和另一个勇将蒋钦说："你们如今都身居要职，掌管国事，应当多读书，使自己不断进步。"吕蒙推托说："在军营中常常苦于事务繁多，恐怕不容许再读书了。"孙权耐心劝导说："我难道是要你去钻研经书做博士吗？只不过是叫你多浏览些书，了解历史往事，增加见识罢了。你们说谁的事务能有我这样多呢？我年轻时就读过《诗经》《尚书》《礼记》《左传》《国语》。自我执政以来，又仔细研究了史书及各家的兵书，自己觉得大有收益。你们再忙，也要抽时间读书学习，学习一定会有收益，怎么可以不读书呢？应该先读《孙子》《六韬》《左传》《国语》。东汉光武帝担任着指挥战争的重担，仍是手不释卷。曹操也说自己老而好学。你们为什么偏偏不能勉励自己呢？"吕蒙从此开始学习，勤奋刻苦，他所看过的书籍，连那些老儒生也赶不上。鲁肃继周瑜掌管吴军后，上任途中路过吕蒙驻地，吕蒙摆酒款待他。鲁肃还以老眼光看人，觉得吕蒙有勇无谋，但在酒宴上两人纵论天下事时，吕蒙不乏真知灼见，使鲁肃很受震撼。酒宴过后，鲁肃感叹道："我一向认为老弟只有武略，时至今日，老弟学识出众，确非吴下阿蒙了。"吕蒙道："士别三日，当刮目相看。老兄今日既继任统帅，才识不如周公瑾，又与关羽为邻，确实很难。关羽其人虽已年老却好学不倦，读《左传》朗朗上口，性格耿直有英雄之气，但却颇为自负，老兄既与之相邻，应当有好的计策对付他。"他为鲁肃筹划了三个方案，鲁肃非常感激地接受了。后来，吕蒙为吴国攻取荆州，成为一代名将。

　　从这个故事可以得知，吕蒙是一个非常善于自我管理的人。他明白自己的缺点所在，知道自己的长处在武略，但在谋略文采方面有明显不足。所以，他听从了孙权的建议，并将之纳入自己的日常学习规划。他在工作之余利用间隙时间勤学苦读，持之以恒，久久为功，使鲁肃刮目相看，后来成为一代名将。从吕蒙身上我们可以看到，一个善于自我管理的人，改变的不只是学识，也是气质，更是人生的命运。

　　自我管理更重要的是身体力行。古人有"佩韦佩弦"的典故：西门豹性子急，就在身上佩戴熟牛皮，熟牛皮柔韧，以此提醒自己；董安于性子慢，就佩带弓弦，弓弦常紧绷，以此提醒自己。孔子认为，君子首先要严于律己，才能治国理政，"苟正其身矣，于从政乎何有？不能正其身，如正人何？"所以，无论是普通百姓还是行政官员，都一定要学会加强自我管理，自觉约束自己的言行。

　　领导干部肩负着党和人民的重托，加强自我管理更是题中应有之义。首先，领导干部要心系人民，加强角色管理。不做自视甚高、高调浮夸的"水仙花"式干部，也不做左右摇摆、犹豫不定的"芦苇"式干部，更不能做无所事事、得过且过的"佛系"式干部。领导干部要志存高远，立志为民办好事干实事，干好眼前活，尽好公仆责，耐得住寂寞，受得住考验，方能行稳致远，不断前进。其次，领导干部要锤炼心性，加强性格管理。领导干部要有"明知山有虎，偏向虎山行"的闯劲，也要有"千磨万击还坚劲"的韧劲。面对挫折要更冷静、坦然，自我调节、锤炼心性，做到忠心不渝，恒心不变，耐心不废。再次，领导干部要公道正派，加强廉政管理。领导干部加强廉政意识，一定要在慎微慎初上下功夫，勿以恶小而为之，勿以善小而不为。要常修为官之德，常怀律己之心，常弃非分之想，常思社会之责，才能筑牢拒腐防变的防线，不会在各种诱惑面前迷失自己。最后，领导干部要找准目标，加强本领管理。要有"绝知此事要躬行"的实劲，做到抓铁留痕。要目标明确，增强自身的学习力、攻坚力和执行力。在急难险重任务中经受考验，在实践中锻炼本领，不断提高敢担当、善担当、能担当的勇气和素质能力。

第十五讲
优良家风为纽带　精神财富是宝藏

一个人来到这个世界上，都是父母所生、父母所养。有了父母，就有了家，父母在，家就在，父母在哪里，家就在哪里，父母在的时候，我们还有归处，可以回家，可以看望父母，可以和父母拉家常；当父母走了不在了，我们的孝就到尽头了，再多的兄弟姊妹就只是亲戚朋友了，曾经的家只能叫做故乡故土故里了。树高千尺，落叶归根，千百年来，咱们中国人不管走到哪里，不管走得多久多远，都不会忘记自己的家，天地再大，路途再遥远，我们都要回家。看看每年春节涌动的返乡回家大潮，就能够理解感受这句话的含义。

一、家风好，就能家道兴盛、和顺美满

好家风是一代代传承下来的，春风化雨、润物无声，潜移默化地影响着后代子孙；好家风是什么？好家风是五个"是"：第一，好家风是正确的世界观、人生观和价值观，是规矩，是福气；第二，好家风是调节维系家庭成员之间情感和利益的道德行为规范；第三，好家风是真正的家庭不动产，是子孙后代取之不尽用之不竭的宝贵财富，它对孩子的影响和未来成长是不可估量的；第四，好家风是

一个家族世代传袭下来的精神积淀和人生修为；第五，好家风是一种无言的教育、无声的力量，让后人铭刻在心、代代受益。对一个家庭来说，家教严不严，家风正不正、好不好，不仅影响一个家庭的未来，影响子女的发展，而且还关乎社风民风，甚至关乎国家、民族的前途和命运。

公元234年，诸葛亮临终前，给蜀后主刘禅上了一封奏书，这就是《自表后主》，在这封奏书中，诸葛亮谈到了自己的家庭经济状况，他说：我当初侍奉先帝时，生活日用都是靠官府来供给，在成都有桑树八百棵，薄田十五顷，靠这些家产，子孙们的衣食是可以得到保障的，我平时的吃穿用度，全部靠官府供给，自己不再经商务农，不再去搞别的生计来增加收入。我死了以后，也不能让家里有多余的钱。这就是鞠躬尽瘁、死而后已的诸葛亮，就是治官事不营私家，在公家不言货利的诸葛亮。有人说诸葛亮是中国历史上最早公开自己家庭财产的官员，是很有道理的。这么一位位高权重的丞相，自己要贪点不义之财，以权谋私、中饱私囊，或临终之前，向国家提一些经济上的补偿要求，都不会有困难，可谓是易如反掌。但拥有大智慧的诸葛亮心里非常清楚，对一个家庭来说，究竟什么最重要，决定儿女未来的是什么，是金钱财富吗？不是，还有更重要的东西。这个更重要的东西是什么？是健全的人格、崇高的品德、良好的行为习惯。

《诫子书》是诸葛亮写给他的儿子诸葛瞻的一封家书，也体现了诸葛亮的家训家风与家庭教育。它的主旨是劝勉儿子勤学立志，修身养性要从淡泊宁静中下功夫，最忌怠惰险躁。文章概括了诸葛亮做人治学的经验，着重围绕一个"静"字加以论述，同时把失败归结为一个"躁"字，对比鲜明。诸葛亮教育儿子要"淡泊"自守，"宁静"自处，鼓励儿子勤学励志，从淡泊和宁静的自身修养上狠下功夫。不安定清静就不能为实现远大理想而长期刻苦学习，要学得真知必须使身心在宁静中研究探讨，人们的才能是从不断地学习中积累起来的；不下苦功学习就不能增长与发扬自己的才干；没有坚定不移的意志就不能使学业成功。诸葛亮教育儿子切忌心浮气躁，举止荒唐。在书信的后半部分，他则以慈父的口吻谆谆教导儿子：少壮不努力，老大徒伤悲。这话看起来好像是老生常谈，但它是慈父教诲儿子的经验之谈，字字句句是心中真话，是他人生的总结，因而格外令人珍惜。

后世子孙仕宦，有犯脏滥者，不得放归本家；亡殁之后，不得葬于大茔之中。不从吾志，非吾子孙。

包拯在家训中说道：后代子孙做官的人中，如有犯了贪污财物罪而撤职的人，都不允许放回老家，不许走进包家大门；他们死了以后，也不允许把他们埋葬在包家的坟茔上，凡不遵从我的志愿的，就不是我的子孙后代。希望自己的儿子包珙把家训刻在石块上，把刻石竖立在堂屋东面的墙壁旁，用来告诫后代子孙。此家训并非包拯的遗嘱，而是正当他身居高位之时所写。在家训中，包公告诫子孙后代有做官的，必须恪守清廉的家风，不得贪污受贿，如有这种情况出现，就不承认他是包家的后代，活着不允许进包家门，死后也不得归葬于包氏家族墓中。让包氏后裔以此来规范自己的言行，做到廉洁奉公。包公的次子包绶赴任潭州通判，在赴任途中病故，当人们打开他的箱子，只有随身携带的墨砚、印鉴、碗罐等。包公的孙子包永年虽历任县主簿、县尉、县令等职，但其死后连丧葬费用，还是两位堂弟资助的。《包拯家训》虽然只有短短37个字，但是字字珠玑，万古流芳！它凝聚着包公的一身正气、两袖清风，足为世人风范，令人肃然起敬。

再看看北宋名臣范仲淹，一生为官清廉，以俭持家，最看不惯奢侈浪费。早年清贫的生活，使他养成了节俭朴素的习惯。范仲淹有四个儿子，二儿子范纯仁结婚的时候，深知父亲的节俭和家规，对大操大办婚礼，显然不敢有太多奢望。但成家立业乃人生大事，总得购置些结婚用的物品吧，买贵重的，父亲那里过不了关，太简单了，女方那里过不了关。范纯仁夹在中间，左右为难。想来想去，范纯仁想出了一个双方或许都能接受的物品清单。当他壮着胆子把清单交给父亲后，没想到被父亲一口否决，范仲淹说："纯仁，你要购买那两件贵重之物，到底是什么打算？难道我范家的门风，要在你手中毁掉不成？结婚自然是人生大事，但它与节俭有什么矛盾？你怎么可以借口'人生大事'，去奢侈浪费呢？"一番话说得范纯仁满面羞愧。但结婚总得有一件像样的东西啊，儿子又说道："咱们范家节俭的家风，孩儿自幼熟知。购买奢华贵重的用品，就不买了。可是有件事，孩儿在心中苦恼多时，今日也如实禀告父亲大人。这些天来，未婚妻想用罗绮做幔帐，孩儿知道这不合范家家风，不敢答应，可她父母又出面提出了这个要求，我该怎么办呢？"范仲淹听后，十分生气地指着儿子说："咱们范家几十年来，以节俭自守，以奢侈为耻。用罗绮做幔帐，岂不坏了我范家的家风？情面事小，家风事大。你可以告诉他们，如果坚持以罗绮为幔帐，那我范仲淹就敢把它拿到院子里烧掉！"由于范仲淹的坚持，范纯仁的结婚大礼办得十分简朴，既没购买什么贵重奢华的物品，也没有举办隆重奢侈的婚礼，不仅范仲淹的家风得以维持，同僚们也从中受到很大的震动。节俭并不意味着吝啬小气，而是把东西用在该用的地方。一次，范仲淹让范纯仁到外地给家里运麦子，范纯仁在途中遇到老朋友因无钱葬亲在外逗留，于是就将所有的麦子都给了这位老朋友，回家后因这件事还受到了父亲的表扬。可见，范仲淹十分重视对后人品行的培养。范仲淹有四个儿子，范纯祐、范纯仁、范纯礼、范纯粹，在北宋个个都是高官，个个都是好样的，他们都延续了范氏节俭清廉的家风，在为官过程中能做到清廉为官，都成为了名噪一时的国家重臣，这与范仲淹成功的家教是密不可分的。范仲淹为后人留下了"自立、读书、清俭、行善"的八字家风，范氏后人代代恪守，以至于范氏家族长盛不衰，好家风可以使家族代代兴旺。

二、家风不好，必然殃及儿孙，危害社会

一旦家风不正或者不廉，整个家庭甚至整个家族都会遭殃。据《资治通鉴·晋纪》记载，十六国时期后赵君主石虎最喜欢众多儿子中的两个：石宣和石韬。石虎让两个儿子每天轮流负责裁决一些国家大事，有些国家大事，他们可以独自裁决，不需要向自己禀报。尽管有很多大臣规劝石虎不能这么做，可刚愎自用的石虎根本不听，为了显示对儿子的宠爱，让太子石宣出行祭祀时，带着18万士兵，打着天子的旌旗招摇过市；石韬出行时，也享受太子一样的待遇。把两个儿子养成了自私、残忍、不顾他人、骄横跋扈、目空一切、无法无天的偏激型人格。结果是，石宣暗中派人刺死了弟弟石韬。石虎查明真相后，竟立即命人用极端残忍的手段杀死太子石宣，并诛灭全家。石虎死后，其他的儿子们为争夺帝位互相残杀，后赵逐渐衰落，终至亡国，享国只有短短的32年。

司马光写给他儿子的那封信《训俭示康》中提到了三个人。这封信的主题是倡导节俭，是这么记载的："何曾日食万钱，至孙以骄溢倾家；石崇以奢靡夸人，卒以此死东市；近世寇莱公豪侈冠一时，然以功业大，人莫之非，子孙习其家风，今多穷困。"何曾每天的吃喝要花掉很多钱，但还是认为东西没得可吃。就像齐桓公一样，天下的东西都吃遍了，就是没吃过小孩儿肉，奢靡到了极致。到他孙子辈的时候，就因为骄奢淫逸而家道衰败，何曾积攒起来的万贯家财，到孙子这一代就都挥霍殆尽了。石崇是西晋时期的首富，因为奢侈华靡向人夸耀，最终也因为富有而被杀。近世的寇准富有豪奢名冠一时，但是因为他地位高、名声显、功业大，没有人敢非议他，儿孙们已习惯了他那种奢侈的家风，到现在，很多儿孙已经是穷困潦倒、入不敷出了。

清代著名思想家龚自珍倡导经世致用之学，为后人尊崇，但却疏于对儿子龚橙的管教，迁就放任其不良习惯。有学问却无德，目

空一切，连自己的父亲也不放在眼里。龚自珍去世后，疏于管教的龚橙更加肆无忌惮，在第二次鸦片战争时，竟然带领英法联军进入圆明园，在将圆明园的宝物一扫而空之后，将承载着宝贵文化财富的皇家宫苑圆明园毁之一炬。龚橙就这样成为了民族败类、千古罪人，永远被钉在了历史的耻辱柱上。正所谓"一人不廉，全家不圆"，这些案例发人深思，让人警醒。

三、家庭教育最重要的是品德教育

在中国传统文化中，知识教育和道德教育不是分离的，是合二为一的，它贯穿家庭教育、学校教育和社会教育的各个环节。在知识教育和道德教育二者之间，道德教育更为重要，居于首位，古代教育，8岁到15岁的小学教育，学的是"洒扫、应对、进退之节""礼乐、射御、书数之文"，小学教育，主要是注重孩子行为规范的养成，这一阶段主要在家庭或家族的私塾、学堂中完成；15岁以后的大学教育，教育方针则转向穷理正心、修己治人之道。可以说，从小学到大学，都是把修身做人、培养人的道德品质放在首位。做官做事先做人。为人不正，为官必邪；我们评价一个人，一个学生，一定是品学兼优，一定是德智体全面发展，一定是把人品和德行放在首位。在家庭中，父母是儿女的一面镜子，有什么样的父母，就会成就什么样的儿女。因此，我们做父母的，都应该把好的道德观念传递给孩子们，把满满的正能量传递给孩子们，不但要教他们各种知识和技能，考个好分数，更重要的是帮助他们树立正确的三观，培育孩子具有高尚的情操、健全的人格、良好的习惯。

四、领导干部要重视家风建设

领导干部家风，直接关系干部政德的培养。家庭对一个人的影响是终身的，对个人品德养成起决定性作用。如果缺乏良好的家教门风，就算走上了领导岗位，也会是墙头草，根基不牢，难以为党和国家忠诚干事。同时，家庭是领导干部生活的重要环境，领导干部的言行举止、道德水准直接影响着家庭成员。如果家教不严、家风不正，家庭式、家族式腐败将不可避免，近些年查处的各类违法违纪案件反复证明了这一点。领导干部家风，直接影响其工作作风的好坏。领导干部树立正确的家庭观，家教严，家风正，就可以将精力更好地用在工作岗位上，权为民所用，积极为人民群众谋幸福；相反，如果家教不严、家风不正，那么，领导干部工作作风必然漂浮不实；若家风败坏，则领导干部工作作风必然骄横霸道、对人民疾苦诉求熟视无睹。

　　领导干部家风，对党风政风社风影响更为巨大。一个社会的良好民风是以千千万万领导干部家庭的良好家风为引领的，一个执政党的良好党风政风也与广大党员领导干部的良好家风密切相关。古人云："所谓治国必先齐其家者，其家不可教而能教人者，无之。"领导干部是社会的综合管理者，要带领广大干部群众干事创业。如果领导干部连自己的家庭都管理不好，家人干着借用公权牟取私利之事，那么领导干部还有什么资格去要求自己的下属？正所谓"己身不正，何以正人"？结果必然是难以服众。同时，榜样的力量是无穷的，坏榜样的力量更是贻害大众，"不仁而居高位，是播恶于众也"。领导干部位高权重，广大党员干部都看着上级干部的所作所为，如果上级领导干部为家人谋私，"上有所好，下必甚焉"，上行下效，层层效仿，那么党风政风就会一片污浊昏暗。所以说，领导干部的家风败坏，不仅会导致个人违法违纪、家庭不幸，更会严重带坏社会风气，影响党群干群关系，损害党和国家的声誉。

　　弘扬优良家风，要从历史和现实中深刻把握家庭家教家风建设的重大意义、目标任务和实践要求，从弘扬中华民族传统美德、传承红色基因、加强社会主义精神文明建设的高度，来推进新时代家庭文明建设，形成家庭文明新风尚。

　　我们弘扬优良家风，要落脚到公民道德建设上，要全民行动、干部带头，弘扬优良家风，从家庭做起，从娃娃抓起，推进社会公德、职业公德、家庭美德、个人品德建设，激励人们向上向善、孝老爱亲、守望相助、风雨同舟，忠于祖国、忠于人民，把爱家和爱国统一起来，把个人梦、家庭梦融入国家梦、民族梦，集中国人民的智慧和力量去建设我们伟大的新时代。

后 记

领导干部作风不仅体现在工作作风上,更体现在社会生活的方方面面,其中尤其重要的是家风。领导干部家风正,才能促进改善工作作风;领导干部家风淳,才能让党风政风清朗昂扬。

一、领导干部家风建设的关键是处理好公私关系

涵养新时代家风,领导干部要摆正公权与私情、党性与亲情、家风与党风的关系,做到廉洁修身、廉洁持家、廉洁兴家,以过硬的家风锻造过硬的作风,以过硬的作风塑造清廉的党风政风。

加强领导干部家风建设,要充分认识到家庭家风兼有公私两方面属性。千百年历史一再证明,家庭和睦,社会才能安定;家风纯正,社会风气才会纯净。认为家庭家风只是个人私事和家庭私事,只要不影响工作,就无需向组织汇报,这种观念是严重错误的,会给党和国家的事业带来损害,有时甚至很严重。例如,党的十八大以前,个别领导干部的家属长期移居国外,自己只身在国内当官,成为"裸官",有人认为这是个人私事,不对组织汇报,而某些上级领导干部也认为这是下级的私事,不主动去掌握,到最后卷钱外逃者有之,受贿所得暗汇国外者有之,悄无声息办

理绿卡移民者有之，这都损害了党和国家声誉，给人民的事业带来了严重伤害。事实表明，领导干部的家庭情况不是个人私事，领导干部的家风建设不是家庭私事，而是影响党和国家事业的重大因素。

加强领导干部家风建设，必须始终坚持公权公用。领导干部的权力是人民赋予的，为官一任，就要造福一方。因此，广大领导干部要坚持用人民的权力服务人民，坚持公权要公用、公心办公事，决不能和家庭的私事相混淆。

加强领导干部家风建设，必须坚决反对以权谋私。古人云："治人者必先自治，责人者必先自责，成人者必先自成。"作为党员干部，要从严管理亲属子女，纯家风、正门户，真正做到为党工作、为民掌权。然而，现实中一些党员干部为了"小家"不顾"大家"，为了"亲情"不惜"徇情"，在亲情面前丧失了原则和底线，走上了误党、伤国、害己、损家的违纪违法之路。从近些年查处的"大老虎"腐败案件看，"丈夫办事、妻子收钱"这样的家庭式、家族式腐败案例屡见不鲜。反观这些腐败分子的堕落轨迹，大都是"微风起于青萍之末"，首先都是从家风开始的。所以广大领导干部一定要深刻认识到公权私用的危害性，认识到公权私用的极端错误性，认识到权力的背后就是风险，摒弃一切以权谋私的念头和行为。

二、领导干部必须培育和弘扬良好家风

领导干部要把家庭作风建设摆在重要位置，努力培育和弘扬良好家风，用自己的一言一行、一举一动，率先垂范，以上率下，为下级干部和广大群众做出表率、当好楷模。

弘扬良好家风，领导干部要从传统家风文化中汲取养分。经过5000多年的文明积淀，中华民族发展出了底蕴深厚的家风文化。在历史长河中，虽然每个家庭的家教家风具体表现形式有所不同，但

都以品德教育作为根本，都将诚实守信、勤俭持家、勤奋好学作为基本美德，都重视仁义礼智、礼义廉耻、孝悌忠信等道德品行。这些传统家风文化蕴含着丰富的立德树人的内涵，时至今日依然熠熠生辉。广大领导干部应该积极学习中华优秀家风文化，大力传承中华优秀传统美德，在实践中不断提升家庭的道德水平和精神素养。

弘扬良好家风，领导干部要善于从当代正反两方面例子中吸取经验和教训。"以人为镜，可以明得失"，当代社会中，既涌现出无数家风纯正的先进楷模，也出现了不少家风败坏的腐败分子。焦裕禄、谷文昌、杨善洲等同志，他们一心为公，两袖清风，他们虽没有留给后人万贯家财，却留下了淡泊名利、无私奉献的良好家风，留下了一座座令后人仰望的精神丰碑。广大领导干部要坚决向先进楷模学习，多从反面例子中吸取教训，充分认识到家风问题的导向性，律己律妻律儿女，慎微慎始慎欲，入耳入脑入心，把修身齐家落到实处。

良好家风是领导干部一张亮丽的"明信片"。领导干部要始终坚持管好自己、管好家人、管好部下，不断加强德行修养、党性修养，做到崇德治家、廉洁齐家、勤俭持家，切实发挥模范引领作用，切实让手中的权力为人民服务，切实营造崇德向善、见贤思齐的社会氛围，推动形成爱国爱家、相亲相爱、向上向善、共建共享的社会主义家庭文明新风尚。